特种设备使用安全管理简明教程

陈湘清　欧宁波　主编

湘潭大学出版社
XIANGTAN UNIVERSITY PRESS

图书在版编目（CIP）数据

特种设备使用安全管理简明教程 / 陈湘清，欧宁波主编. -- 湘潭 : 湘潭大学出版社，2024. 5. -- ISBN 978-7-5687-1495-2

Ⅰ. X931

中国国家版本馆 CIP 数据核字第 20245ZU919 号

特种设备使用安全管理简明教程

TEZHONG SHEBEI SHIYONG ANQUAN GUANLI JIANMING JIAOCHENG

陈湘清 欧宁波 主编

责任编辑：丁立松
封面设计：张丽莉
出版发行：湘潭大学出版社
社　　址：湖南省湘潭大学工程训练大楼
电　　话：0731-58298960 0731-58298966（传真）
邮　　编：411105
网　　址：http://press.xtu.edu.cn/
印　　刷：长沙超峰印刷有限公司
经　　销：湖南省新华书店
开　　本：880 mm×1230 mm 1/32
印　　张：6.5
字　　数：169 千字
版　　次：2024 年 5 月第 1 版
印　　次：2024 年 5 月第 1 次印刷
书　　号：ISBN 978-7-5687-1495-2
定　　价：45.00 元

编委会

前　言

为有效管控特种设备使用环节风险，排查特种设备使用的事故隐患，提升使用单位安全管理水平和能力，遏制特种设备事故的发生，根据《特种设备安全法》《特种设备安全监察条例》《TSG 08—2017 特种设备使用管理规则》《特种设备使用单位落实使用安全主体责任监督管理规定》（市场监管总局第 74 号令）等法律法规，湖南省特种设备检验检测研究院根据国家关于重点行业领域安全风险分级管控和隐患排查治理的要求，有针对性地整理了常见的七大类（客运索道除外）特种设备的定义、分类、基本结构、主要部件和安全保护装置、基本管理要求、操作要领及注意事项、主要风险和隐患排查要点等，编制成《特种设备使用安全管理简明教程》，供各特种设备使用单位的特种设备安全总监、安全管理人员等参考使用。

本书相关部分的技术内容、管理要求可提供咨询，联系方式 1124540417@qq.com，本书编写人员将耐心为您释疑解惑。

本书编委会

2024 年 4 月

目　录

第一章　特种设备综合知识

一、定义

按照《特种设备安全法》的规定，特种设备是指对人身和财产安全有较大危险性的锅炉、压力容器（含气瓶）、压力管道、电梯、起重机械、客运索道、大型游乐设施、场（厂）内专用机动车辆，以及法律、行政法规规定适用本法的其他特种设备。

二、采购

1.（采购）采购、使用取得许可生产（含设计、制造、安装、改造、修理，下同），并且经检验合格的特种设备，不得采购超过设计使用年限的特种设备，禁止使用国家明令淘汰和已经报废的特种设备，且设备的选型与使用工况应相适应。

三、安装

2.（施工前告知）特种设备安装、改造、修理的施工单位应当在施工前将拟进行的特种设备安装、改造、修理情况书面告知直辖市或者设区的市级人民政府负责特种设备安全监督管理的部门。

3.（监督检验）锅炉、压力容器、压力管道、电梯、起重机械、客运索道、大型游乐设施的安装、改造、重大修理过程，应当经特种设备检验机构按照安全技术规范的要求进行监督检验；未经监督检验或者监督检验不合格的，不得出厂或者交付使用。

4.（资料移交）特种设备安装、改造、修理竣工后，安装、改造、修理的施工单位应当在验收后三十日内将相关技术资料和文件移交特种设备使用单位。特种设备使用单位应当将其存入该特种设备的安全技术档案。

四、使用管理

5.（使用登记）特种设备使用单位应当在特种设备投入使用前或者投入使用后三十日内，向负责特种设备安全监督管理的部门办理使用登记，取得使用登记证书。登记标志应当置于该特种设备的显著位置。

6.（建章立制）特种设备使用单位应当建立岗位责任、隐患治理、应急救援等安全管理制度，保证特种设备安全运行。

管理制度至少包括以下内容：

（1）特种设备安全管理机构（需要设置时）和相关人员岗位职责；

（2）特种设备经常性维护保养、定期自行检查和有关记录制度；

（3）特种设备使用登记、定期检验、锅炉能效测试申请实施管理制度；

（4）特种设备隐患排查治理制度；

（5）特种设备安全管理人员与作业人员管理和培训制度；

（6）特种设备采购、安装、改造、修理、报废等管理制度；

（7）特种设备应急救援管理制度；

（8）特种设备事故报告和处理制度；

（9）高耗能特种设备节能管理制度；

（10）特种设备安全日管控制度、周排查制度、月调度制度。

7.（操作规程）使用单位应当根据所使用设备运行特点等，制定操作规程。操作规程一般包括设备运行参数、操作程序和方法、维护保养要求、安全注意事项、巡回检查和异常情况处置的规定，以及相应记录等。

8.（按台建档）特种设备使用单位应当逐台建立特种设备安全技术档案。安全技术档案至少应当包括以下内容：

（1）使用登记证；

（2）《特种设备使用登记表》；

（3）特种设备设计、制造技术资料和文件，包括设计文件、产品质量合格证明（含合格证及其数据表、质量证明书）、安装及使用维护保养说明、监督检验证书、型式试验证书等；

（4）特种设备安装、改造和修理的方案、图样、材料质量证明书和施工质量证明文件、安装改造修理监督检验报告、验收报告等技术资料；

（5）特种设备定期自行检查记录（报告）和定期检验报告；

（6）特种设备日常使用状况记录；

（7）特种设备及其附属仪器仪表维护保养记录；

（8）特种设备安全附件和安全保护装置校验、检修、更换记录和有关报告；

（9）特种设备运行故障和事故记录及事故处理报告。

特种设备节能技术档案包括锅炉能效测试报告、高耗能特种设备节能改造技术资料等。

使用单位应当在设备使用地保存以上资料中（1）（2）（5）（6）（7）（8）（9）规定的资料和特种设备节能技术档案的原件或者复印件，以便备查。

9.（试运行）客运索道、大型游乐设施在每日投入使用前，其运营使用单位应当进行试运行和例行安全检查，并对安全附件和安全保护装置进行检查确认。

10.（安全警示标志）电梯、客运索道、大型游乐设施的运营使用单位应当将电梯、客运索道、大型游乐设施的安全使用说明、安全注意事项和警示标志置于易于为乘客注意的显著位置。

11.（维护保养）使用单位应当根据设备特点和使用状况对特种设备进行经常性维护保养，维护保养应当符合有关安全技术规范和产品使用维护保养说明的要求。对发现的异常情况及时处理，并且作出记录，保证在用特种设备始终处于正常使用状态。

法律对维护保养单位有专门资质要求的（如电梯等），使用单位应当选择具有相应资质的单位实施维护保养。鼓励其他特种设备使用单位选择具有相应能力的专业化、社会化维护保养单位进行维护保养。

12.（定期自行检查）为保证特种设备的安全运行，特种设备使用单位应当根据所使用特种设备的类别、品种和特性进行定期自行检查。

定期自行检查的时间、内容和要求应当符合有关安全技术规范的规定及产品使用维护保养说明的要求。

13.（安全管理机构的设置）符合下列条件之一的特种设备使用单位，应当根据本单位特种设备的类别、品种、用途、数量等情况设置特种设备安全管理机构，逐台落实安全责任人：

（1）使用电站锅炉或者石化与化工成套装置的；

（2）使用为公众提供运营服务电梯的（注 1-1），或者在公众聚集场所（注 1-2）使用 30 台以上（含 30 台）电梯的；

（3）使用 10 台以上（含 10 台）大型游乐设施的，或者 10 台以上（含 10 台）为公众提供运营服务非公路用旅游观光车辆的；

（4）使用客运架空索道，或者客运缆车的；

(5) 使用特种设备（不含气瓶）总量50台以上（含50台）的。

注1-1：为公众提供运营服务的特种设备使用单位，是指以特种设备作为经营工具的使用单位。

注1-2：公众聚集场所，是指学校、幼儿园、医疗机构、车站、机场、客运码头、商场、餐饮场所、体育场馆、展览馆、公园、宾馆、影剧院、图书馆、儿童活动中心、公共浴池、养老机构等。

14. （安全管理负责人）特种设备使用单位应当配备安全管理负责人。特种设备安全管理负责人是指使用单位最高管理层中主管本单位特种设备使用安全管理的人员。上一条款要求设置安全管理机构的使用单位安全管理负责人，应当取得相应的特种设备安全管理人员资格证书（项目代号：A）。

安全管理负责人应履行如下职责：

(1) 协助主要负责人履行本单位特种设备安全的领导职责，确保本单位特种设备的安全使用；

(2) 宣传、贯彻《中华人民共和国特种设备安全法》以及有关法律、法规、规章和安全技术规范；

(3) 组织制定本单位特种设备安全管理制度，落实特种设备安全管理机构设置、安全管理员配备；

(4) 组织制定特种设备事故应急专项预案，并且定期组织演练；

(5) 对本单位特种设备安全管理工作实施情况进行检查；

(6) 组织进行隐患排查，并且提出处理意见；

(7) 当安全管理员报告特种设备存在事故隐患应当停止使用时，立即作出停止使用特种设备的决定，并且及时报告本单位主要负责人。

使用单位应该按照《特种设备使用单位落实使用安全主体责任监督管理规定》(市场监管总局第74号令)的要求，配备各类特种设备安全总监(一般由使用单位的特种设备安全管理负责人担任)，制定各类《特种设备安全总监职责》，并督促落实，保证特种设备安全运行。

15. (安全管理人员的配备)特种设备使用单位应当根据本单位特种设备的数量、特性等配备适当数量的安全管理员。上款中要求设置安全管理机构的使用单位，以及符合以下条件之一的特种设备使用单位，应当配备专职安全管理员，并且取得相应的特种设备安全管理人员资格证书(项目代号：A)：

(1) 使用额定工作压力大于或者等于2.5 MPa锅炉的；

(2) 使用5台以上(含5台)第Ⅲ类固定式压力容器的；

(3) 从事移动式压力容器或者气瓶充装的；

(4) 使用10公里以上(含10公里)工业管道的；

(5) 使用移动式压力容器，或者客运拖牵索道，或者大型游乐设施的；

(6) 使用各类特种设备(不含气瓶)总量20台以上(含20台)的。

以上特种设备使用单位也可以委托具有特种设备安全管理人员资格的人员负责使用管理，但特种设备安全使用的责任主体仍然是使用单位。

除前款规定以外的使用单位可以配备兼职安全管理员。

安全管理员应履行如下职责：

(1) 组织建立特种设备安全技术档案；

(2) 办理特种设备使用登记；

（3）组织制定特种设备操作规程；

（4）组织开展特种设备安全教育和技能培训；

（5）组织开展特种设备定期自行检查；

（6）编制特种设备定期检验计划，督促落实定期检验和隐患治理工作；

（7）按照规定报告特种设备事故，参加特种设备事故救援，协助进行事故调查和善后处理；

（8）发现特种设备事故隐患，立即进行处理，情况紧急时，可以决定停止使用特种设备，并且及时报告本单位安全管理负责人；

（9）纠正和制止特种设备作业人员的违章行为。

使用单位应该按照总局第 74 号令的要求，配备各类特种设备安全员（指本单位具体负责特种设备使用安全的检查人员，可由使用单位任命的专或兼职特种设备安全管理员担任），制定各类《特种设备安全员守则》，并督促落实，保证特种设备安全运行。

16. （作业人员的配备）特种设备使用单位应当根据本单位特种设备数量、特性等配备相应持证的特种设备作业人员，并且在使用特种设备时应当保证每班至少有一名持证的作业人员在岗。有关安全技术规范对特种设备作业人员有特殊规定的，从其规定。

医院病床电梯、直接用于旅游观光的额定速度大于 2.5 m/s 的乘客电梯、超面积货梯以及需要司机操作的电梯，应当由经培训合格且经授权的人员操作。

应当取得相应的《特种设备作业人员证书》，并持证上岗的作业人员，如表 1-1 所示：

表 1-1 特种设备作业人员资格认定与项目

序号	种类	作业项目	项目代号
1	特种设备安全管理	特种设备安全管理	A
2	锅炉作业	工业锅炉司炉	G1
		电站锅炉司炉（注 1-4）	G2
		锅炉水处理	G3
3	压力容器作业	快开门式压力容器操作	R1
		移动式压力容器充装	R2
		氧舱维护保养	R3
4	气瓶作业	气瓶充装	P
5	电梯作业	电梯修理（注 1-5）	T
6	起重机作业	起重机指挥	Q1
		起重机司机（注 1-6）	Q2
7	客运索道作业	客运索道修理	S1
		客运索道司机	S2
8	大型游乐设施作业	大型游乐设施修理	Y1
		大型游乐设施操作	Y2
9	场（厂）内专用机动车辆作业	叉车司机	N1
		观光车和观光列车司机	N2
10	安全附件维修作业	安全阀校验	F

注 1-3：各省份行政许可的设置可能不尽一致，如湖南省，根据湘市监特设〔2022〕127 号文件规定，以下特种设备使用管理单位的特种设备安全管理人员属于省级资格认定范围（即由省局发证，其他使用单位的特种设备安全管理人员由市局发证）：

（1）中央在湘和省管大型企业；

（2）大型游乐设施、客运索道、客运电梯使用管理单位；

（3）电站锅炉使用管理单位；

（4）移动式压力容器及气瓶充装单位。

注 1-4：资格认定范围为 300 MW 以下（不含 300 MW）的电站锅炉司炉人员，300 MW 电站锅炉司炉人员由使用单位按照电力行业规范自行进行技能培训。

注 1-5：电梯修理作业项目包括修理和维护保养作业。

注 1-6：可根据报考人员的申请需求进行范围限制，具体明确限制为桥式起重机司机、门式起重机司机、塔式起重机司机、门座式起重机司机、缆索式起重机司机、流动式起重机司机、升降机司机。如“起重机司机（限桥门式起重机）”等。

特种设备作业人员应履行如下职责：

（1）严格执行特种设备有关安全管理制度，并且按照操作规程进行操作；

（2）按照规定填写作业、交接班等记录；

（3）参加安全教育和技能培训；

（4）进行经常性维护保养，对发现的异常情况及时处理，并且作出记录；

（5）作业过程中发现事故隐患或者其他不安全因素，应当立即采取紧急措施，并且按照规定的程序向特种设备安全管理人员和单位有关负责人报告；

（6）参加应急演练，掌握相应的应急处置技能。

17.（应急演练）特种设备使用单位应当制定特种设备事故应急专项预案，并定期进行应急演练。

18.（特种设备责任保险）国家鼓励投保特种设备安全责任保险。

19.（出租）特种设备出租单位不得出租未取得许可生产的特种设备或者国家明令淘汰和已经报废的特种设备，以及未按照安全技术规范的要求进行维护保养和未经检验或者检验不合格的特种设备。特种设备在出租期间的使用管理和维护保养义务由特种设备出租单位承担，法律另有规定或者当事人另有约定的除外。

20.（定期检验）特种设备使用单位应当按照安全技术规范的要求，在检验合格有效期届满前一个月向特种设备检验机构提出定期检验要求（各类设备定期检验周期的规定见各章节），检验合格后，将定期检验标志置于该特种设备的显著位置，未经定期检验或者检验不合格的特种设备，不得继续使用。

21.（超设计寿命使用）达到设计使用年限，需要继续使用的，应当满足以下要求：

（1）按照安全技术规范的要求通过检验或者安全评估合格；

（2）由使用单位安全管理负责人同意，主要负责人批准；

（3）办理使用登记证书变更手续；

（4）采取加强检验、检测和维护保养等措施，确保使用安全。

五、故障与事故

22.（故障处置）特种设备出现故障或者发生异常情况，特种设备使用单位应当对其进行全面检查，消除事故隐患，方可继续使用。特种设备作业人员在作业过程中发现事故隐患或者其他不安全因素，应当立即向特种设备安全管理人员和单位有关负责人报告；特种设备运行不正常时，特种设备作业人员应当按照操作规程采取有效措施保证安全。

23.（事故）特种设备发生事故后，事故发生单位应当按照应急预案采取措施，组织抢救，防止事故扩大，减少人员伤亡和财产损失，保护事故现场和有关证据，并及时向事故发生地县级以上人民政府负责特种设备安全监督管理的部门和有关部门报告。

事故报告应当包括以下内容：

（1）事故发生的时间、地点、单位概况以及特种设备种类；

（2）事故发生简要经过、现场破坏情况、已经造成或者可能造成的伤亡和涉险人数、初步估计的直接经济损失；

（3）已经采取的措施；

（4）报告人姓名、联系电话；

（5）其他有必要报告的情况。

六、停用与启用

24.（停用手续）特种设备拟停用 1 年以上的，使用单位应当采取有效的保护措施，并且设置停用标志，在停用后 30 日内填写《特种设备停用报废注销登记表》，告知登记机关。

25.（启用手续）特种设备停用 1 年以上，新启用时，使用单位应当进行自行检查，到使用登记机关办理启用手续；超过定期检验有效期的，应当按照定期检验的有关要求进行检验。

七、报废

26.（报废注销）对存在严重事故隐患，无改造、修理价值的特种设备，或者达到安全技术规范规定的报废期限的，应当及时予以报废，产权单位应当采取必要措施消除该特种设备的使用功能。特种设备报废时，按台（套）登记的特种设备应当办理报废手续，填写《特种设备停用报废注销登记表》，向登记机关办理报废手续，并且将使用登记证交回登记机关。

非产权所有者的使用单位经产权单位授权办理特种设备报废注销手续时，需提供产权单位的书面委托或者授权文件。

第二章　锅　炉

一、锅炉的定义与分类

1. 锅炉的定义

锅炉，是指利用各种燃料、电或者其他能源，将所盛装的液体加热到一定的参数，并通过对外输出介质的形式提供热能的设备，其范围规定为设计正常水位容积大于或者等于 30 L，且额定蒸汽压力大于或者等于 0.1 MPa（表压）的承压蒸汽锅炉；出口水压大于或者等于 0.1 MPa（表压），且额定功率大于或者等于 0.1 MW 的承压热水锅炉；额定功率大于或者等于 0.1 MW 的有机热载体锅炉。

2. 锅炉的范围

（1）锅炉本体。

锅炉本体是由锅筒（壳）、启动（汽水）分离器及储水箱、受热面、集箱及其连接管道、炉膛、燃烧设备、空气预热器、炉墙、烟（风）道、构架（包括平台和扶梯）等所组成的整体。

（2）锅炉范围内管道。

①电站锅炉，包括主给水管道、主蒸汽管道、再热蒸汽管道

等（注 2-1）以及第一个阀门以内（不含阀门，下同）的支路管道；

②电站锅炉以外的锅炉，设置分汽（水、油）缸（以下统称分汽缸，注 2-2）的，包括给水（油）泵出口至分汽缸出口与外部管道连接的第一道环向焊缝以内的承压管道；不设置分汽缸的，包括给水（油）泵出口至主蒸汽（水、油）出口阀以内的承压管道。

注 2-1：主给水管道指给水泵出口止回阀至省煤器进口集箱以内的管道；主蒸汽管道指末级过热器出口集箱至汽轮机高压主汽阀（对于母管制运行的锅炉，至母管前第一个阀门）以内的管道；再热蒸汽冷段管道指汽轮机排汽止回阀至再热器进口集箱以内的管道；再热蒸汽热段管道指末级再热器出口集箱至汽轮机中压主汽阀以内的管道。

注 2-2：分汽缸应当按照锅炉集箱或者压力容器的相关规定进行设计、制造。

注 2-3：锅炉管辖范围之外的与锅炉相连的动力管道，可以参照锅炉范围内管道要求与锅炉一并进行安装监督检验及定期检验。

（3）锅炉安全附件和仪表。

包括安全阀、爆破片、压力测量、水（液）位测量、温度测量等装置（仪表），安全保护装置，排污和放水装置等。

（4）锅炉辅助设备及系统。

包括燃料制备、水处理设备及系统等。

3. 锅炉设备级别

锅炉设备级别按照参数分为 A 级、B 级、C 级、D 级。

（1）A 级锅炉。

A 级锅炉是指额定工作压力 P（表压，下同）$\geqslant 3.8$ MPa 的锅炉，包括：

①超临界锅炉，$P \geqslant 22.1$ MPa；

②亚临界锅炉，16.7 MPa$\leqslant P <$22.1 MPa；

③超高压锅炉，13.7 MPa$\leqslant P <$16.7 MPa；

④高压锅炉，9.8 MPa$\leqslant P <$13.7 MPa；

⑤次高压锅炉，5.3 MPa$\leqslant P <$9.8 MPa；

⑥中压锅炉，3.8 MPa$\leqslant P <$5.3 MPa。

（2）B级锅炉。

①蒸汽锅炉，0.8 MPa$< P <$3.8 MPa；

②热水锅炉，$P <$3.8 MPa，且额定出水温度 $t \geqslant$120 ℃；

③有机热载体锅炉的气相有机热载体锅炉，额定热功率 $Q >$0.7 MW；液相有机热载体锅炉，额定热功率 $Q >$4.2 MW。

（3）C级锅炉。

①蒸汽锅炉，$P \leqslant$0.8 MPa，且设计正常水位水容积 $V >$50 L；

②热水锅炉，0.4 MPa$< P <$3.8 MPa，且额定出水温度 $t <$120 ℃；$P \leqslant$0.4 MPa，且 95 ℃$<$额定出水温度 $t <$120 ℃；

③有机热载体锅炉的气相有机热载体锅炉，额定热功率 $Q \leqslant$0.7 MW；液相有机热载体锅炉，额定热功率 $Q \leqslant$4.2 MW。

（4）D级锅炉。

①蒸汽锅炉，$P \leqslant$0.8 MPa，且设计正常水位水容积 $V \leqslant$50 L；

②热水锅炉，$P \leqslant$0.4 MPa，且额定出水温度 $t \leqslant$95 ℃。

4. 锅炉的分类

国家对特种设备实行目录管理，根据《特种设备目录》，锅炉分为承压蒸汽锅炉、承压热水锅炉和有机热载体锅炉三类，按照锅炉设计制造的余（废）热锅炉也要按照锅炉的相关要求进行管理。

二、常见的锅炉结构

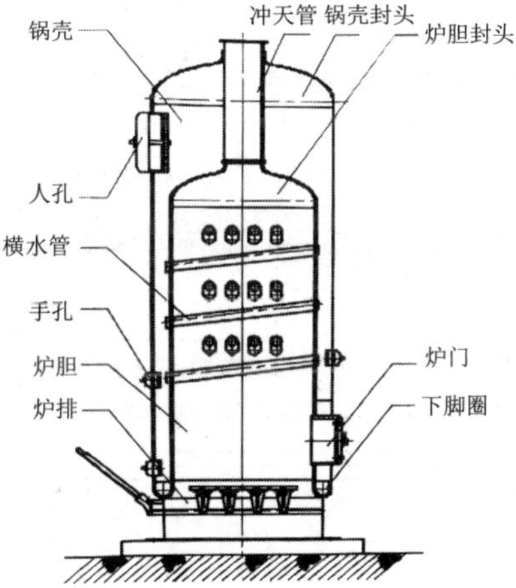

图 2-1 立式层燃锅炉（LSC、LSH 系列）

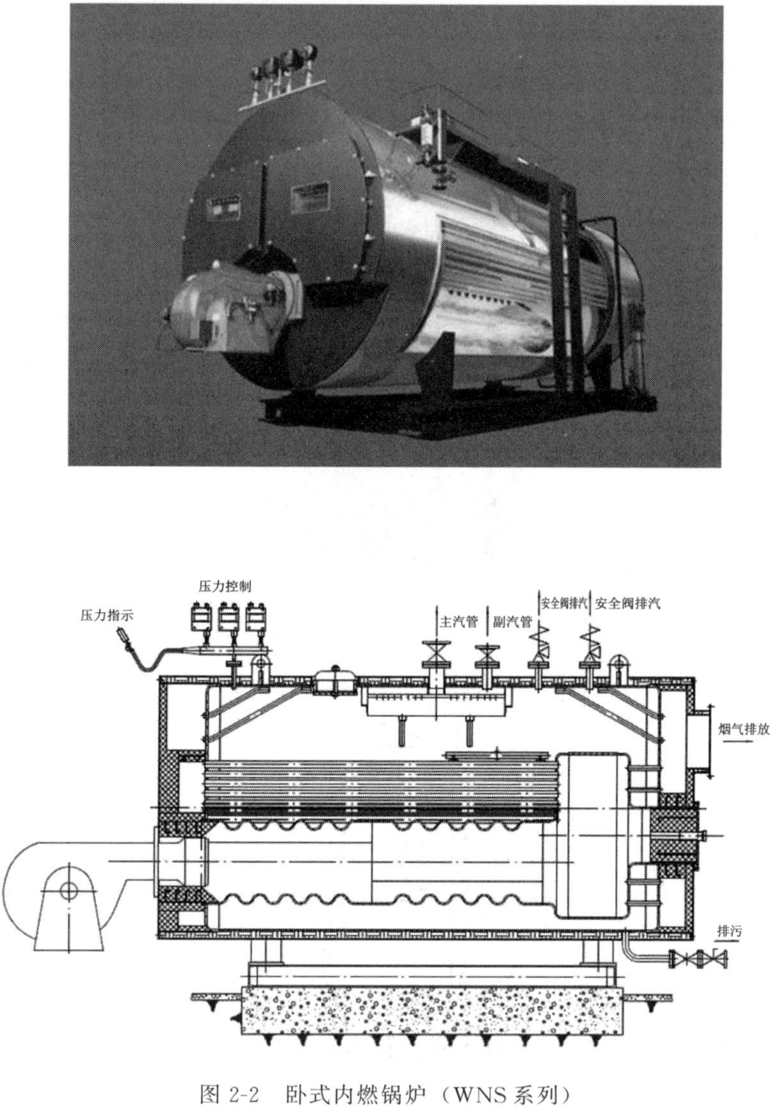

图 2-2　卧式内燃锅炉（WNS 系列）

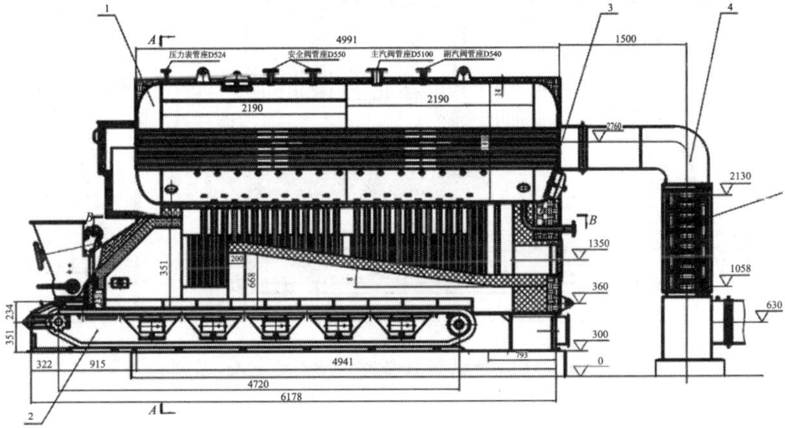

1—封头; 2—炉排; 3—烟管; 4—烟道

图 2-3 单锅筒纵置式锅炉（DZL、DZG 系列）

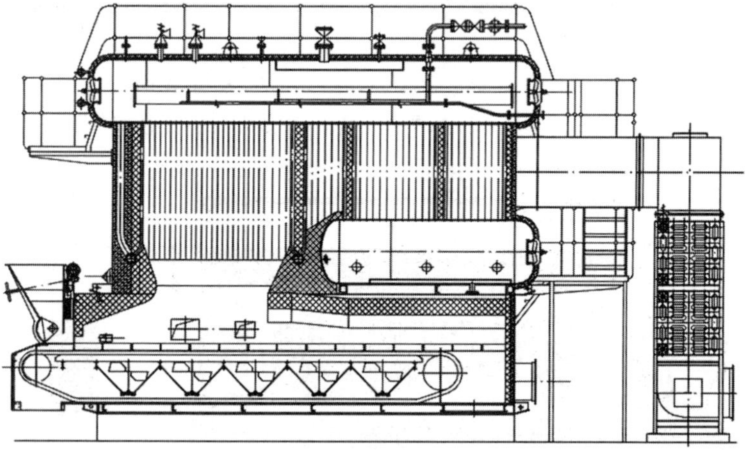

图 2-4　双锅筒纵置式锅炉（SZL、SZS 系列）

三、使用管理

1. 使用单位的职责

锅炉使用单位应当对其使用的锅炉安全负责，主要职责如下：

（1）采购监督检验合格的锅炉产品；

（2）按照锅炉使用说明书的要求运行；

（3）每月对所使用的锅炉至少进行 1 次月度检查，并且记录检查情况；月度检查内容主要为锅炉承压部件及其安全附件和仪表、联锁保护装置是否完好；燃烧器运行是否正常；锅炉使用安全与节能管理制度是否有效执行，作业人员证书是否在有效期内，是否按规定进行定期检验，是否对水（介）质定期进行化验分析，水（介）质未达到标准要求时是否及时处理，水封管是否堵塞，以及其他异常情况等；

（4）锅炉使用单位每年应当对燃烧器进行检查，检查内容至少包括燃烧器管路是否密封、安全与控制装置是否齐全和完好、安全与控制功能是否缺失或者失效、燃烧器运行是否正常。

2. 安全管理机构

锅炉使用单位主要负责人对本单位锅炉使用安全全面负责，建立并落实锅炉使用安全主体责任的长效机制。使用电站锅炉或者使用锅炉总量大于等于 50 台的使用单位应设置特种设备安全管理机构，逐台落实安全责任人。锅炉使用单位应当依法配备锅炉安全总监和锅炉安全员，明确锅炉安全总监和锅炉安全员的岗位职责。

锅炉安全总监和锅炉安全员应当按照岗位职责，协助单位主要负责人做好锅炉使用安全管理工作。

锅炉安全总监和锅炉安全员应当具备下列锅炉使用安全管理

能力：

（1）熟悉锅炉使用相关法律法规、安全技术规范、标准和本单位锅炉安全使用要求；

（2）具备识别和防控锅炉使用安全风险的专业知识；

（3）具备按照相关要求履行岗位职责的能力；

（4）符合特种设备法律法规和安全技术规范的其他要求。

锅炉安全总监按照职责要求，直接对本单位主要负责人负责，承担下列职责：

（1）组织宣传、贯彻锅炉有关的法律法规、安全技术规范及相关标准；

（2）组织制定本单位锅炉使用安全管理制度，督促落实锅炉使用安全责任制，组织开展锅炉安全合规管理；

（3）组织制定锅炉事故应急专项预案并开展应急演练；

（4）落实锅炉安全事故报告义务，采取措施防止事故扩大；

（5）对锅炉安全员进行安全教育和技术培训，监督、指导锅炉安全员做好相关工作；

（6）按照规定组织开展锅炉使用安全风险评价工作，拟定并督促落实锅炉使用安全风险防控措施；

（7）对本单位锅炉使用安全管理工作进行检查，及时向主要负责人报告有关情况，提出改进措施；

（8）接受和配合有关部门开展锅炉安全监督检查、监督检验、定期检验和事故调查等工作，如实提供有关材料；

（9）履行市场监督管理部门规定和本单位要求的其他锅炉使用安全管理职责。

锅炉使用单位应当按照前款规定，结合本单位实际，细化制定《锅炉安全总监职责》。

锅炉安全员按照职责要求，对锅炉安全总监或者单位主要负责人负责，承担下列职责：

（1）建立健全锅炉安全技术档案并办理本单位锅炉使用登记；

（2）组织制定锅炉安全操作规程；

（3）组织对锅炉作业人员和技术人员进行教育和培训；

（4）组织对锅炉进行日常巡检，监督检查锅炉作业人员到岗值守、巡回检查等工作情况，纠正和制止违章作业行为；

（5）编制锅炉定期检验计划，组织实施锅炉燃烧器年度检查，督促落实锅炉定期检验和后续整改等工作；

（6）按照规定报告锅炉事故，参加锅炉事故救援，协助进行事故调查和善后处理；履行市场监督管理部门规定和本单位要求的其他锅炉使用安全管理职责。

锅炉使用单位应当按照前款规定，结合本单位实际，细化制定《锅炉安全员守则》。

锅炉使用单位应当建立基于锅炉安全风险防控的动态管理机制，结合本单位实际，落实自查要求，制定《锅炉安全风险管控清单》，建立健全日管控、周排查、月调度工作制度和机制。锅炉停（备）用期间，使用单位应当做好锅炉及水处理设备的防腐蚀等停炉保养工作。

锅炉使用单位应当将主要负责人、锅炉安全总监和锅炉安全员的设立、调整情况，《锅炉安全风险管控清单》《锅炉安全总监职责》《锅炉安全员守则》以及锅炉安全总监、锅炉安全员提出的意见建议、报告和问题整改落实等履职情况予以记录并存档备查。

3. 管理制度

锅炉使用单位应建立锅炉管理制度并在锅炉房张贴上墙，管理制度至少包括以下内容：

（1）岗位责任制，包括安全管理人员、班组长、运行作业人员、维修人员、水处理作业人员等职责范围内的任务和要求；

（2）巡回检查制度，明确定时检查的内容、路线和记录的项目；

（3）交接班制度，明确交接班要求、检查内容和交接班手续；

（4）锅炉及其辅助设备的操作规程，包括设备投运前的检查及准备工作、启动和正常运行的操作方法、正常停运和紧急停运的操作方法；

（5）设备维修保养制度，规定锅炉停（备）用防锈蚀内容和要求以及锅炉本体、安全附件、安全保护装置、自动仪表及燃烧和辅助设备的维护保养周期、内容和要求；

（6）水（介）质管理制度，明确水（介）质定时检测的项目和合格标准；

（7）安全管理制度，明确防火、防爆和防止非作业人员随意进人锅炉房要求，保证通道畅通的措施以及事故应急预案和事故处理方法等；

（8）节能管理制度，符合锅炉节能管理和有关安全技术规范的规定。

4. 锅炉检验

（1）定期检验。

锅炉使用单位应当安排锅炉的定期检验工作，并且在锅炉下次检验日期前 1 个月向具有相应资质的检验机构提出定期检验要求。

①定期检验周期。

a. 外部检验，每年进行 1 次；

b. 内部检验，一般每 2 年进行 1 次，成套装置中的锅炉结合成套装置的大修周期进行，A 级高压以上电站锅炉结合锅炉检修同期进行，一般每 3 年～6 年进行 1 次；首次内部检验在锅炉投入运行后 1 年进行，成套装置中的锅炉和 A 级高压以上电站锅炉可以结合第一次检修进行；

c. 水（耐）压试验，检验人员或者使用单位对设备安全状况有怀疑时，应当进行水（耐）压试验；由于结构原因无法进行内部检验时，应当每 3 年进行 1 次水（耐）压试验；

d. 成套装置中的锅炉和 A 级高压以上电站锅炉由于检修周期等原因不能按期进行内部检验时，使用单位在确保锅炉安全运行（或者停用）的前提下，经过使用单位主要负责人审批后，可以适当延期安排内部检验（一般不超过 1 年并且不得连续延期），并且向锅炉使用登记机关备案，注明采取的措施以及下次内部检验的期限。

②定期检验特殊情况。

除正常的定期检验以外，锅炉有下列情况之一时，也应当进行内部检验：

a. 移装锅炉投运前；

b. 锅炉停止运行 1 年以上需要恢复运行前。

③定期检验项目的顺序。

外部检验、内部检验和水（耐）压试验在同一年进行时，一般首先进行内部检验，然后进行水（耐）压试验、外部检验。

（2）水处理。

使用单位应当做好锅炉水（介）质处理工作，保证水汽或者有机热载体的质量符合标准要求。无可靠的水处理措施的锅炉不应当投入运行。水处理系统运行应当符合以下要求：

①保证水处理设备及加药装置正常运行；

②采用必要的检测手段监测水汽质量，每班至少化验 1 次水汽质量，当水汽质量不符合标准要求时，应当及时查找原因并处理至合格；

③严格控制疏水、蒸汽冷凝回水的水质，不合格时不得回收进入锅炉。

注 2-4：工业锅炉的水质应当符合 GB/T 1576《工业锅炉水质》的规定。电站锅炉的水汽质量应当符合 GB/T12145《火力发电机组及蒸汽动力设备水汽质量》的规定。

5. 改造和重大修理

（1）锅炉改造。

锅炉改造是指改变锅炉本体承压结构或者燃烧方式的行为。

（2）重大修理。

①A 级锅炉重大修理。

a. 锅筒、启动（汽水）分离器及储水箱、减温器和集中下降管的更换及其纵向、环向对接焊缝的补焊；

b. 整组受热面管子根（屏、片）数 50%以上的更换；

c. 外径大于 273 mm 的集箱、管道和管件的更换；

d. 大板梁主焊缝的补焊；

e. 液（气）体燃料燃烧器的更换。

②B 级及以下锅炉重大修理。

a. 筒体、封头（管板）、炉胆、炉胆顶、回燃室、下脚圈和集箱的更换、挖补；

b. 受热面管子的更换，数量大于该类受热面管（分为水冷壁、对流管束、过热器、省煤器、烟管等）的 10%，并且不少于 10 根；直流、贯流锅炉本体整组受热面更换；

c. 液（气）体燃料燃烧器的更换。

锅炉改造和重大修理应由有资质的单位进行，接受特种设备检验机构全过程监督检查，经特种设备检验机构监检合格后方可投入使用。

6. D 级锅炉管理特殊要求

①锅炉不需要安装告知，并且不实施安装监督检验；

②锅炉安装工作由制造单位或者其授权的单位负责，制造单位或者其授权的安装单位和使用单位双方代表书面验收认可后，方可运行；

③锅炉不需要办理使用登记；不实行定期检验；锅炉的作业人员不需取得《特种设备作业人员证》，但是锅炉制造单位或者其授权的安装单位应当对作业人员进行操作、安全管理和应急处置培训，培训合格后出具书面证明；

④锅炉使用单位应当定期检查锅炉安全状况，及时发现并消除安全隐患，确保锅炉安全运行；

⑤锅炉显著位置应标注“禁止超压、缺水运行”的安全警示；锅炉使用年限不得超过 8 年。

四、安全附件和联锁保护装置

1. 安全阀

（1）安全阀的整定压力确定原则如下：

①蒸汽锅炉安全阀整定压力按照表 2-1 的规定进行调整和校验，锅炉上有一个安全阀按照表中较低的整定压力进行调整；对有过热器的锅炉，过热器上的安全阀按照较低的整定压力调整，以保证过热器上的安全阀先开启；

表 2-1 蒸汽锅炉安全阀的整定压力

额定工作压力/MPa	安全阀整定压力	
	最低值	最高值
$P \leqslant 0.8$	工作压力加 0.03 MPa	工作压力加 0.05 MPa
$0.8 < P \leqslant 5.3$	1.04 倍工作压力	1.06 倍工作压力
$P > 5.3$	1.05 倍工作压力	1.08 倍工作压力

注 2-5：表中的工作压力，是指安全阀装设地点的工作压力，对于控制式安全阀是指控制源接出地点的工作压力。

②再热器安全阀最高整定压力应当不高于其计算压力；

③直流蒸汽锅炉各部位安全阀最高整定压力，由锅炉制造单位在设计计算的安全裕量范围内确定；

④热水锅炉上的安全阀按照表 2-2 规定的压力进行整定或者校验。

表 2-2　热水锅炉安全阀的整定压力

最低值	最高值
1.10 倍工作压力但是不小于工作压力加 0.07 MPa	1.12 倍工作压力但是不小于工作压力加 0.10 MPa

（2）在用锅炉的安全阀每年至少校验一次，校验一般在锅炉运行状态下进行。

（3）锅炉运行中安全阀应当定期进行排放试验，电站锅炉安全阀每年进行一次，其他安全阀应每一到两个星期进行手动排放试验。锅炉运行中安全阀不允许解列，不允许提高安全阀的整定压力或者使安全阀失效。

2. 压力表

（1）A 级锅炉压力表精确度应当不低于 1.6 级，其他锅炉压力表精确度应当不低于 2.5 级。

（2）压力表的量程应当根据工作压力选用，一般为工作压力的 1.5～3 倍，最好选用 2 倍。

（3）压力表表盘的大小应当保证锅炉作业人员能够清楚地看到压力指示值。

（4）压力表应当定期进行校验，刻度盘上应当划出指示工作压力的红线，并且注明下次校验日期。压力表校验后应当加铅封。

3. 水位表

（1）水位表应当安装在便于观察的地方，水位表距离操作地面高于 6 000 mm 时，应当加装远程水位测量装置或者水位视频监视系统。

（2）水位表应当有指示最高、最低安全水位和正常水位的明显标志，最高、最低安全水位和正常水位的位置在锅炉图纸上有标注。

（3）水位表应当每班进行冲洗，冲洗时应当分别冲洗汽连管和水连管，保证汽水连管畅通，避免出现假水位。

（4）水位表放水管应引至安全地点，避免冲洗水位表时发生烫伤。

4. 排污和放水装置

（1）每台锅炉装设独立的排污管，排污管应尽量减少弯头，保证排污畅通并引至安全地点或者排污膨胀箱（扩容器）。

（2）锅炉使用单位应当根据锅水水质确定排污方式及排污量，并且按照水质变化进行调整。蒸汽锅炉定期排污时宜在低负荷时进行，同时严格监视水位。

（3）多台锅炉合用 1 跟排放总管时，需要避免 2 台以上的锅炉同时排污。

5. 安全保护装置

（1）超压报警联锁保护。

①额定蒸发量大于或者等于 2 t/h 的锅炉，应当装设蒸汽超压报警和联锁保护装置，安装在多层或者高层建筑物内的蒸汽锅炉应当配备超压联锁保护装置。

②超压报警联锁保护装置的作用是在运行压力超过设定值时发出声光报警并联锁停炉，其设定值应当低于安全阀较低整定压力值。

③超压报警联锁保护装置应当定期进行试验，试验方法为将锅炉运行至设定压力值或者将设定压力值调低至运行压力，试验

其功能是否正常。

（2）水位示控联锁保护。

①蒸汽锅炉应当装设高、低水位报警和低水位联锁保护装置，保护装置最迟应当在最低安全水位时动作。

②水位示控联锁保护装置应当定期进行试验，常用的试验方法为排空电极式液位计内的水进行模拟试验，此时锅炉控制台发出报警并联锁停炉。

五、锅炉使用注意事项

1. 使用管理记录

锅炉使用单位应当根据本单位锅炉使用情况建立锅炉及燃烧设备运行、检查、水汽质量测定、维修、保养、事故和交接班等记录。

2. 安全运行要求

①锅炉作业人员在锅炉运行前应当做好各种检查，按照规定的程序启动和运行，不得任意提高运行参数，压火后应当保证锅水温度、压力不回升和锅炉不缺水。

②当锅炉运行中发生受压元件泄漏、炉膛严重结焦、液态排渣锅炉无法排渣、锅炉尾部烟道严重堵灰、炉墙烧红、受热面金属严重超温、汽水质量严重恶化等情况时，应当停止运行。

3. 蒸汽锅炉（电站锅炉除外）需要立即停止运行的情况

蒸汽锅炉（电站锅炉除外）运行中遇有下列情况之一时，应当立即停炉：

①锅炉水位低于水位表最低可见边缘；

②不断加大给水并且采取其他措施但是水位仍然继续下降；

③锅炉满水（贯流式锅炉启动状态除外），水位超过最高可见水位，经过放水仍然不能见到水位；

④给水泵失效或者给水系统故障，不能向锅炉给水；

⑤水位表、安全阀或者装设在汽空间的压力表全部失效；

⑥锅炉元（部）件受损坏，危及锅炉运行作业人员安全；

⑦燃烧设备损坏、炉墙倒塌或者锅炉构架被烧红等，严重威胁锅炉安全运行；

⑧其他危及锅炉安全运行的异常情况。

4. 锅炉检修的安全要求

锅炉检修时，进入锅炉内作业的人员工作时，应当符合以下要求：

①进入锅筒（壳）内部工作之前，必须用能指示出隔断位置的强度足够的金属堵板（电站锅炉可用阀门）将连接其他运行锅炉的蒸汽、热水、给水、排污等管道可靠地隔开；用油或者气体作燃料的锅炉，必须可靠地隔断油、气的来源；

②进入锅筒（壳）内部工作之前，必须将锅筒（壳）上的人孔和集箱上的手孔打开，使空气对流一段时间，工作时锅炉外面有人监护；

③进入烟道及燃烧室工作前，必须进行通风，并且与总烟道或者其他运行锅炉的烟道可靠隔断；

④在锅筒（壳）和潮湿的炉膛、烟道内工作而使用电灯照明时，照明应当使用安全电压，禁止明火照明。

5. 停炉保养

锅炉使用单位应当做好停（备）用锅炉及水处理设备的防腐蚀等停炉保养工作，短时间停炉应采用湿法保养，长时间停炉应采用干法保养。

六、锅炉使用常见问题

（1）安全阀超期未校验、选型不正确或者校验压力不正确，安全阀手动不排汽。

处理措施：安全阀应在校验有效期之前校验合格，校验压力按 4.1 条规定确定，安全阀选型应按照《锅炉安全技术规程》（TSG11—2020）5.1 安全阀条款中的相关要求配置安装锅炉安全阀，司炉工应定期对安全阀进行手动排放试验。

（2）压力表超期未校验，压力表量程不符合要求，同部位两只压力表显示不一致。

处理措施：压力表应在校验有效期之前送检合格，压力表量程应选择锅炉额定压力的 1.5～3 倍，最好为 2 倍，同部位两只压力表显示不一致应重新送检或更换为检定合格的新压力表。

（3）蒸汽超压报警和联锁保护装置和高、低水位报警、低水位联锁保护装置失效。

处理措施：司炉工应定期对超压报警和联锁保护装置及高、低水位联锁保护装置进行功能性试验，试验方法按 4.5.1 和 4.5.2 进行。如发现联锁保护功能失效，应立即安排维护保养人员或者请锅炉维修单位进行检查，确定问题所在，及时修复。

（4）锅炉结垢，锅炉底部堆积水垢水渣。

处理措施：锅炉日常运行时应做好水处理工作，包括水处理设备的正常运行和日常的水质化验，减少和预防水垢的产生，根据水垢厚度情况进行煮炉清垢，锅炉底部的水垢应及时清除干净，避免该处承压部件因缺少水的冷却而过热变形。

（5）锅炉内外部腐蚀。

处理措施：锅炉内部腐蚀应进行防腐除锈，加强水处理工作，减少和防止腐蚀的发生，锅炉外部腐蚀应做好防腐保温，保温层破损的位置及时进行修复，均匀腐蚀根据壁厚测定情况决定处理措施，对于点腐蚀应打磨至圆滑过渡，并根据腐蚀坑深情况进行加强监护或者更换的措施。

（6）锅炉缺水，锅炉缺水是指在运行中水位低于安全水位而危及锅炉安全运行的情形，锅炉缺水如果处理不当，往往会造成重大经济损失，如锅炉受热面的过热、过烧、爆裂，严重时还会造成锅炉的爆炸事故。

处理措施：

①发生锅炉缺水时应立即停炉，关闭主汽阀和给水阀。

②对锅炉进行“叫水”操作，经过叫水后若水位表中出现水位，说明锅炉缺水程度不严重，可以开启给水阀向锅炉缓慢进水，直到锅炉恢复正常水位。同时检查分析缺水原因，在排除缺水是由于受热面及排污管破裂、排污阀关闭不严导致水位无法保持等故障后，可以启动燃烧设备继续投入运行。

③如果通过叫水，仍无法看见水位表的水位，说明锅炉严重缺水，锅炉的实际水位已经处于水位计水连通管以下。此时严禁向锅炉进水，应紧急停炉，防止事态进一步扩展。

应当注意的是，如果锅炉的最高火界高于水位表的水连通管，以及水容量小的锅炉，不允许通过叫水来核实锅内的水位。若发现这类锅炉水位计中看不见水位，应当立即紧急停炉，然后查找原因并针对处理。

注 2-5：“叫水”操作：先开启水位计底部放水阀，再关闭汽连管旋塞，使水位计与锅炉的汽连管切断，再保持水连管开度，然后缓慢关闭放水阀，观察水位计内是否有水位出现，有水位出现后，打开汽连管旋塞。

（7）管子变形、爆管。受热面管子变形往往是由于水循环故障、水垢堆积等原因造成冷却条件差，壁温急剧上升，材料强度下降，管子产生变形甚至破裂。

处理措施：应加强水处理工作，保证锅炉水质合格，停炉后发现水垢水渣等情况要及时处理，避免堆积，保证锅炉水循环畅通，管子变形应根据变形程度确定采取加强监控或者更换的措施，发生爆管时，如水位尚能维持，故障不会迅速扩大，可在短时间内减负荷运行，至备用锅炉生火后再停炉，如果不能维持水位和气压时，应立即紧急停炉，特别需要注意的是，当水位表中已看不到水位，炉膛温度又很高时，切不可给水，以免导致更大事故发生，但引风机必须继续运行，待排尽炉烟和蒸汽后方可停止。

（8）锅筒鼓包。锅筒鼓包往往发生在锅筒底部，该位置处于炉膛高温区，如果水质不好，水处理不当或者排污不及时，水垢水渣堆积于此，水冷条件差，传热严重阻碍，金属壁温迅速上升，强度下降，在内压的作用下，锅筒向外部鼓包，严重时甚至可能发生爆炸。

处理措施：应加强水处理工作，保证锅炉水质合格，停炉后发现水垢水渣等情况要及时处理，避免堆积，锅筒发生鼓包时应停炉做进一步检查，根据变形量及壁厚情况采取监控使用或者修理的措施。

七、常见问题图例

图 2-5　锅筒变形

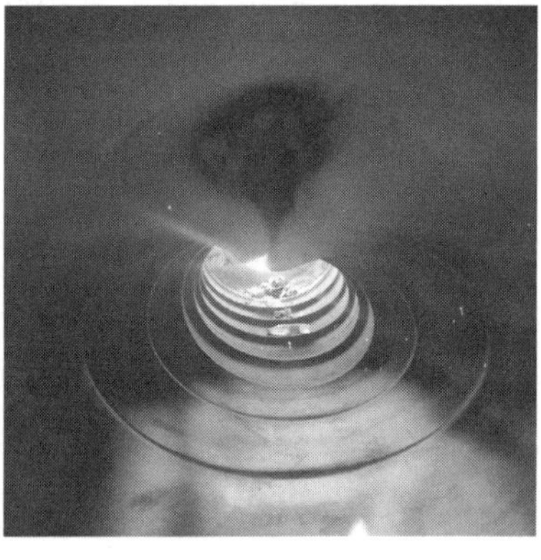

图 2-6　炉胆变形

图 2-7 耳管变形

图 2-8 耳管水垢

图 2-9 阀门泄漏

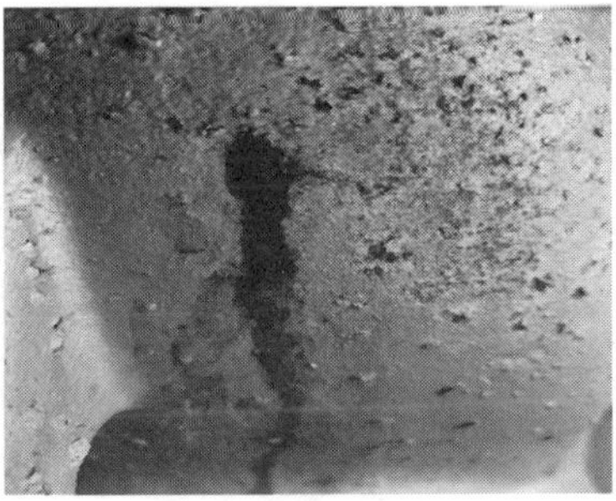

图 2-10 阀体泄漏

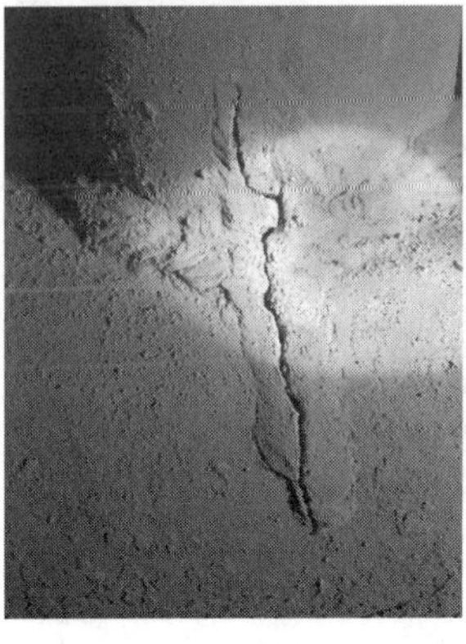

图 2-11 给水分配管裂纹

图 2-12 锅筒内支座垫板裂纹

图 2-13　过热器渗漏堵管

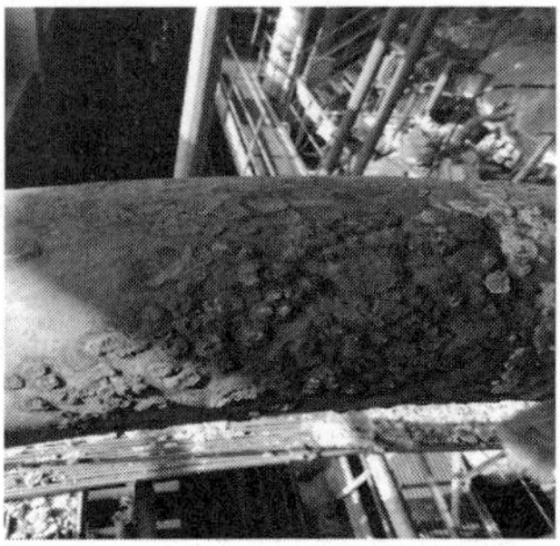

图 2-14　连接管表面腐蚀

图 2-15　法兰螺杆过短

图 2-16　入孔密封面腐蚀

图 2-17　水冷壁表面贴补

图 2-18　液位传感器电接点渗漏

图 2-19 铸件法兰表面缺陷

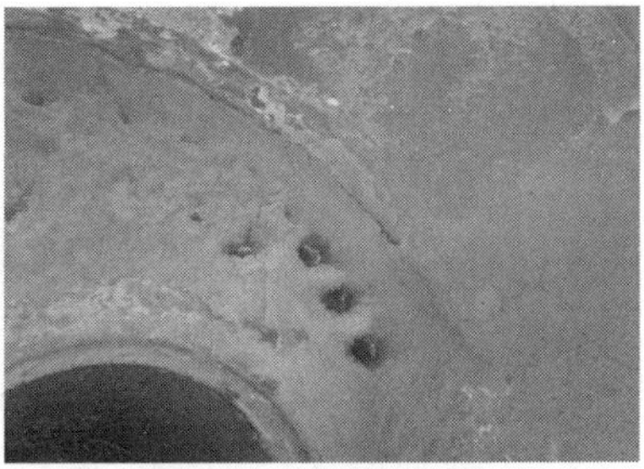

图 2-20 烟管积灰

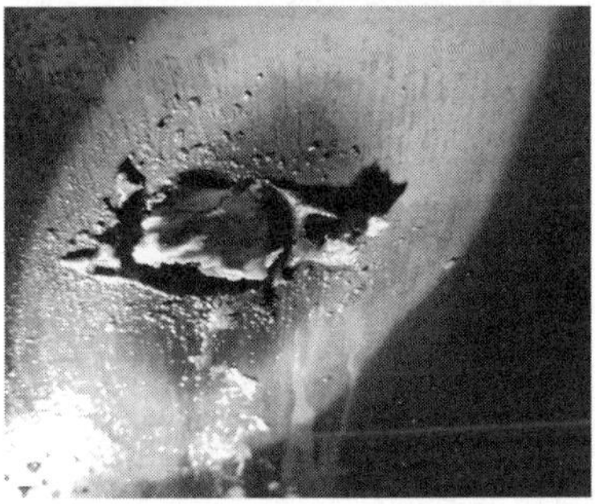

图 2-21 压力表管口被水垢堵塞

图 2-22 水位表管口被水垢堵塞

图 2-23 铸铁省煤器弯头穿孔渗漏

图 2-24 水垢堆积

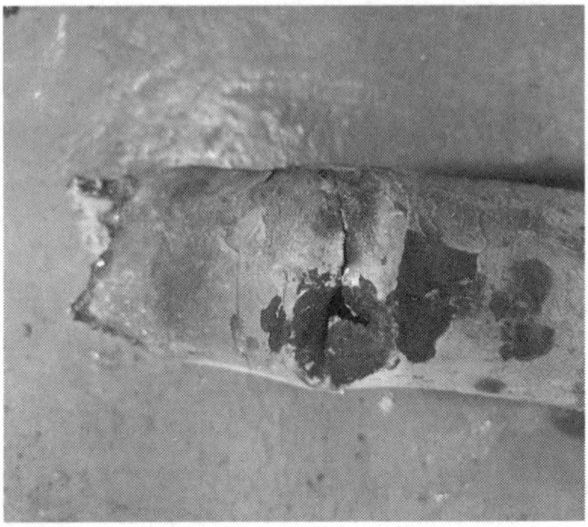

图 2-25　水冷壁管爆管

图 2-26　吊杆失载

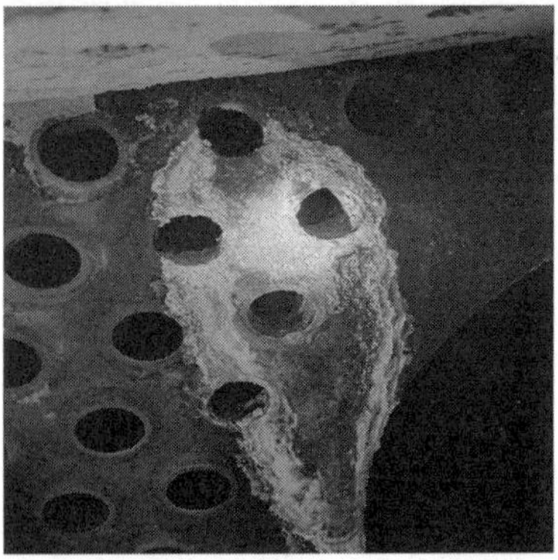

图 2-27　烟管管口渗漏

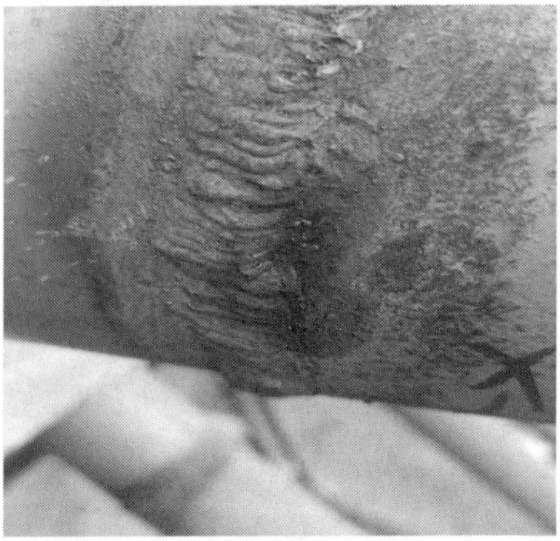

图 2-28　焊缝渗漏

图 2-29　水位二次显示异常

图 2-30　分汽缸基础未固定

图 2-31　烟囱损坏

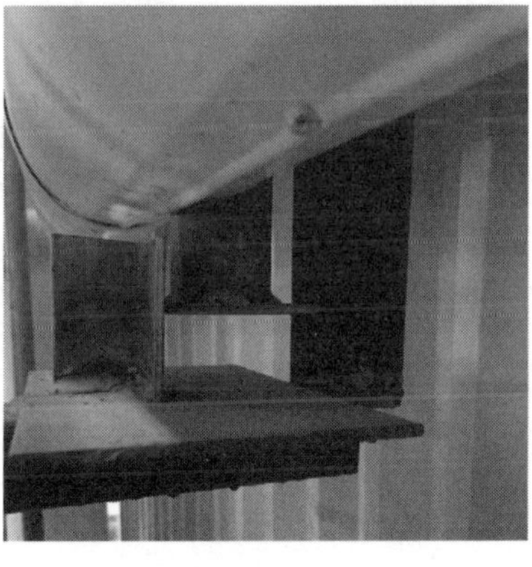

图 2-32　管道未落在支架上

图 2-33　压力表表盘模糊

图 2-34　温度表表盘模糊

图 2-35 温度表损坏

图 2-36　保温损坏

第三章　压力容器

一、压力容器的定义与分类

1. 压力容器的定义

压力容器，是指盛装气体或者液体，承载一定压力的密闭设备，其范围规定为最高工作压力大于或者等于 0.1 MPa（表压）的气体、液化气体和最高工作温度高于或者等于标准沸点的液体、容积大于或者等于 30 L 且内直径（非圆形截面指截面内边界最大几何尺寸）大于或者等于 150 mm 的固定式容器和移动式容器；盛装公称工作压力大于或者等于 0.2 MPa（表压），且压力与容积的乘积大于或者等于 1.0 MPa·L 的气体、液化气体和标准沸点等于或者低于 60 ℃液体的气瓶；氧舱。

根据《中华人民共和国特种设备安全法》规定，国家对特种设备实行目录管理，现行有效《特种设备目录》压力容器部分见表 3-1（质检总局关于修订《特种设备目录》的公告（2014 年第 114 号））所示。

表 3-1　《特种设备目录》中压力容器部分

代码	类别	品种
2100	固定式压力容器	
2110		超高压容器
2130		第三类压力容器
2150		第二类压力容器
2170		第一类压力容器
2200	移动式压力容器	
2210		铁路罐车
2220		汽车罐车
2230		长管拖车
2240		罐式集装箱
2250		管束式集装箱
2300	气瓶	
2310		无缝气瓶
2320		焊接气瓶
23T0		特种气瓶（内装填料气瓶、纤维缠绕气瓶、低温绝热气瓶）
2400	氧舱	
2410		医用氧舱
2420		高气压舱

2. 压力容器范围的界定

（1）固定式压力容器范围的界定。

包括压力容器本体、安全附件及仪表。

①压力容器的本体界定在以下范围内：

a. 压力容器与外部管道或者装置焊接（黏接）连接的第一道环向接头的坡口面、螺纹连接的第一个螺纹接头端面、法兰连接的第一个法兰密封面、专用连接件或者管件连接的第一个密封面；

b. 压力容器开孔部分的承压盖及其紧固件；

c. 非受压元件与受压元件的连接焊缝。压力容器本体中的主要受压元件，包括筒节（含变径段）、球壳板、非圆形容器的壳板、封头、平盖、膨胀节、设备法兰、热交换器的管板和换热管、M36 以上（含 M36）螺柱以及公称直径大于或者等于 250 mm 的接管和管法兰。

②安全附件、仪表。

压力容器的安全附件，包括直接连接在压力容器上的安全阀、爆破片装置、易熔塞、紧急切断装置、安全联锁装置。压力容器的仪表，包括直接连接在压力容器上的压力、温度、液位等测量仪表。

（2）移动式压力容器范围的界定。

包括罐体或者气瓶、管路、安全附件、装卸附件以及走行装置或者框架等。

①罐体或者气瓶罐体或者气瓶界定在下述范围内：

a. 罐体与管路焊接连接的第一道环向接头的坡口面，罐体或者气瓶与管路、安全附件螺纹连接的第一个螺纹接头端面、法兰连接的第一个法兰密封面；

b. 罐体或者气瓶开孔部分的端盖、端塞及其紧固件；

c. 罐体与非受压元件的连接焊缝。

罐体中的主要受压元件包括筒体、封头以及公称直径大于或者等于50 mm的接管、凸缘、法兰、法兰盖板等。

②管路。

移动式压力容器的管路包括所有与罐体或者气瓶相连接的管子与管件。

③安全附件。

移动式压力容器的安全附件包括安全泄放装置、紧急切断装置、压力测量装置、液位测量装置、温度测量装置、阻火器、导静电装置等。

⑤装卸附件。

移动式压力容器的装卸附件包括装卸阀门、装卸软管和快速装卸接头（以下简称快装接头）等。

（3）氧舱范围的界定。

氧舱包括舱体、压力调节系统、呼吸气系统、电气系统、舱内环境调节系统、消防系统和安全附件与安全保护装置及仪表。

①舱体。

舱体包括筒体、封头、舱门、隔舱封头、递物筒、观察（照明）窗、舱内管道等受压元（部）件，以及装饰材料、纺织品、座椅（床）、地板等舱内物料。

②压力调节系统。

压力调节系统包括气体压缩设备、配套压力容器、气体净化装置、配套管道等。

③呼吸气系统。

呼吸气系统包括呼吸气体供应装置、呼吸装置（含排放装置，下同）、加湿装置、配套管道等。

④电气系统。

电气系统包括电源开关、电流过载保护装置、隔离变压器、供电电缆（线）、应急电源装置、继电器、接触器、配电柜（板）、通信对讲装置、应急呼叫装置、视频监控装置、照明装置（含应急照明装置，下同）、电连接器（含生物电装置，下同）、控制台等。

⑤舱内环境调节系统。

舱内环境调节系统包括空气调节装置、制冷（热）装置、温度控制装置、风扇驱动电机、散热器、加湿装置、配套管道等。

⑥消防系统。

消防系统包括水喷淋消防系统（含启动气源、储水罐、配套管道、控制阀门、喷头等，下同）和其他消防器材等。

⑦安全附件与安全保护装置及仪表。

安全附件与安全保护装置及仪表包括安全阀、应急排放装置、安全保护联锁装置、接地装置，以及呼吸气体浓度、压力和氧舱工作压力、湿度、温度等运行参数自动测定、显示、记录、报警装置及仪表。

3. 压力容器的分类

按照《特种设备目录》，压力容器可分为固定式压力容器、移动式压力容器、气瓶、氧舱。

按照介质特征、设计压力、容积将压力容器分为Ⅰ类、Ⅱ类、Ⅲ类压力容器，具体分类方法见 TSG21—2016《固定式压力容器安全技术监察规程》附件 A。

按照设计压力将压力容器划分为：

①低压容器，0.1 MPa$\leqslant P<$1.6 MPa；

②中压容器，1.6 MPa$\leqslant P<$10.0 MPa；

③高压容器，10.0 MPa$\leqslant P<$100.0 MPa；

④超高压容器，$P\geqslant$100.0 MPa。

按照压力容器在生产工艺过程中的作用原理，划分为反应压力容器、换热压力容器、分离压力容器、储存压力容器。其中反应压力容器主要是用于完成介质的物理、化学反应，例如各种反应器、反应釜等；换热压力容器主要是用于完成介质的热量交换，例如各种热交换器、冷却器等；分离压力容器主要是用于完成介质的流体压力平衡缓冲和气体净化分离，例如各种分离器、过滤器、集油器等；储存压力容器主要是用于储存或者盛装气体、液体、液化气体等介质的压力容器，例如各种形式的储罐。

按照制造选用材料可分为钢制压力容器、铝制压力容器、钛制压力容器和非金属压力容器。

按照制造方法可分为焊接容器、整体锻造容器、铸造容器、多层包扎容器、缠绕式容器、搪玻璃容器等。

除此以外还有几种特定形式的压力容器，如非焊接瓶式容器，是采用高强度无缝钢管（公称直径大于 500 mm）旋压而成的压力容器。储气井，是竖向置于地下用于储存压缩气体的井式管状设备。简单压力容器，同时满足以下条件的压力容器称为简单压力容器：

①压力容器由筒体和平盖、凸形封头（不包括球冠形封头）组成，或者由两个凸形封头组成；

②筒体、封头和接管等主要受压元件的材料为碳素钢、奥氏体不锈钢或者 Q345R；

③设计压力小于或者等于 1.6 MPa；

④容积小于或者等于 1 m^3；

⑤工作压力与容积的乘积小于或者等于 1 $MPa \cdot m^3$；

⑥介质为空气、氮气、二氧化碳、惰性气体、医用蒸馏水蒸发而成的蒸汽或者上述气（汽）体的混合气体；允许介质中含有不足以改变介质特性的油等成分，并且不影响介质与材料的相容性；

⑦设计温度大于或者等于 −20 ℃，最高温度小于或者等于

150 ℃；

⑧非直接受火焰加热的焊接压力容器（当内直径小于或者等于 550 mm 时允许采用平盖螺栓连接）。

危险化学品包装物、灭火器、快开门式压力容器不在简单压力容器范围内。

二、压力容器的基本结构（典型类别的结构形式）

1. 圆筒形容器

圆筒形容器（图 3-1），是最常见的一种压力容器结构形式，结构简单，应力分布均匀，制造工艺相对简单，通常为单层结构，本体由筒体、封头、接管、支座等部件组成。

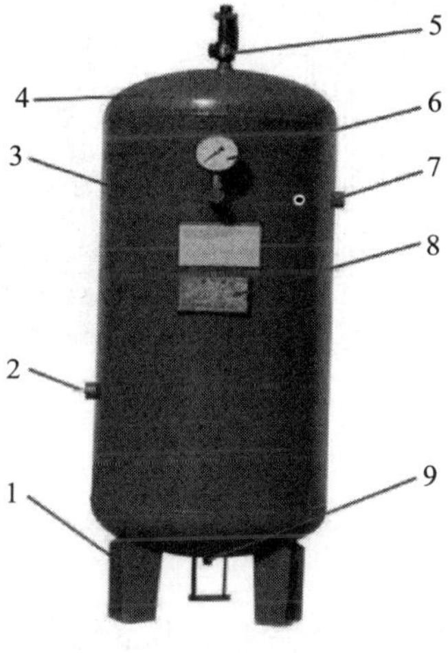

1—支座　2—进气口接管　3—筒体　4—封头　5—安全阀
6—压力表　7—出气口接管　8—铭牌　9—排污管

图 3-1　圆筒形压力容器

2. 球形容器

球形容器又称球罐（图 3-2），壳体呈球形，球壳由各带及上、下极组成。直径较大，在同样壁厚条件下，球罐的承载能力最高，在相同内压条件下，球形容器所需要壁厚仅为同直径、同材料的圆筒形容器壁厚的1/2（不考虑腐蚀裕度）；在相同容积条件下，球形容器的表面积最小，由于壁厚、表面积小等原因，一般要比圆筒形容器节约30％～40％的钢材。其主要缺点是制造施工比较复杂，制作成本比较高，一般用于大型储罐，储存各类气体、液体、液化气体等。

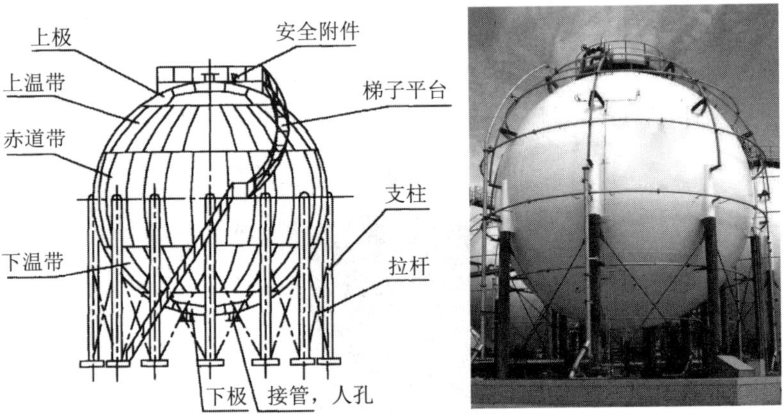

图 3-2　球形储罐

3. 夹套容器

夹套容器是将作为一个完整压力室的夹套连接在筒体、封头外部形成的多腔压力容器（图3-3），由内筒和夹套两个压力腔组成，夹套内常用的介质有蒸汽、导热油、冷却水、真空绝热介质等，使用夹套的目的一般是加热或冷却容器及其内部介质，也可作为容器的密封绝热室，结构较为简单，广泛应用于石油、化工、制药等行业。

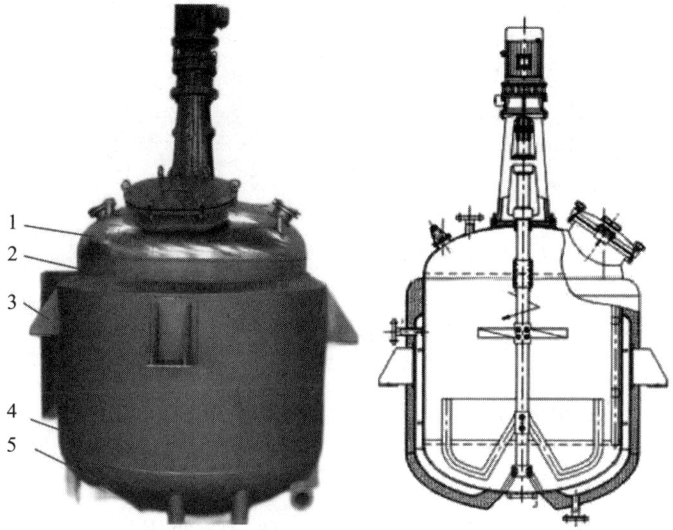

1—内筒封头　2—内筒筒体　3—支座　4—夹套筒体　5—夹套封头

图 3-3　夹套容器

4. 管壳式换热容器

管壳式换热器（图 3-4），又称列管式换热器。由壳体、传热管束、管板、折流板（挡板）和管箱等部件组成。壳体多为圆筒形，内部装有管束，管束两端固定在管板上。进行换热的冷热两种流体，一种在管内流动，称为管程流体；另一种在管外流动，称为壳程流体。

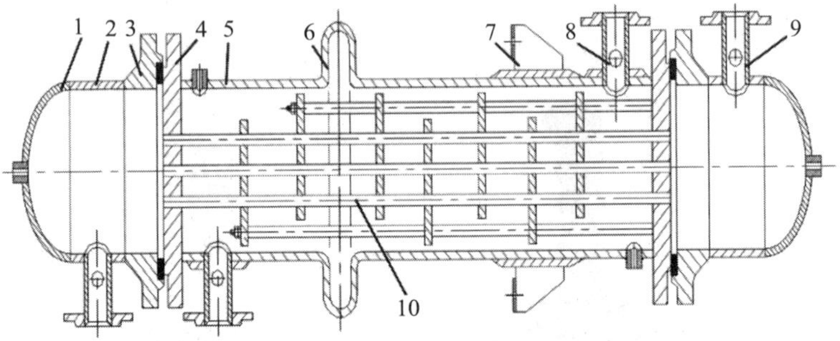

1—管程封头　2—管程筒体　3—壳程法兰　4—管板　5—壳程筒体
6—膨胀节　7—支座　8—壳程接管　9—管程接管　10—换热管

图 3-4　管壳式换热容器

三、管理要求

1. 一般要求

压力容器使用单位应当按照《特种设备使用管理规则》的有关要求，对压力容器进行使用安全管理，设置安全管理机构，配备安全管理负责人、安全管理人员和作业人员，办理使用登记，建立各项安全管理制度，制定操作规程，并且进行检查。

压力容器使用单位应当依法配备压力容器安全总监和压力容器安全员，明确压力容器安全总监和压力容器安全员的岗位职责。压力容器使用单位主要负责人对本单位压力容器使用安全全面负责，建立并落实压力容器使用安全主体责任的长效机制。

压力容器安全总监和压力容器安全员应当按照岗位职责，协助单位主要负责人做好压力容器使用安全管理工作。

压力容器使用单位主要负责人应当支持和保障压力容器安全总监和压力容器安全员依法开展压力容器使用安全管理工作，在作出涉及压力容器安全的重大决策前，应当充分听取压力容器安全总监和压力容器安全员的意见和建议。

压力容器安全员发现压力容器存在一般事故隐患时，应当立即进行处理；发现存在严重事故隐患时，应当立即责令停止使用并向压力容器安全总监报告，压力容器安全总监应当立即组织分析研判，采取处置措施，消除严重事故隐患。

压力容器使用单位应当根据本单位压力容器的数量、用途、使用环境等情况，配备压力容器安全总监和足够数量的压力容器安全员，并逐台明确负责的压力容器安全员。

压力容器安全总监和压力容器安全员应当具备下列压力容器使用安全管理能力：

（1）熟悉压力容器使用相关法律法规、安全技术规范、标准和本单位压力容器安全使用要求；

（2）具备识别和防控压力容器使用安全风险的专业知识；

（3）具备按照相关要求履行岗位职责的能力；

（4）符合特种设备法律法规和安全技术规范的其他要求。

压力容器安全总监按照职责要求，直接对本单位主要负责人负责，承担下列职责：

（1）组织宣传、贯彻压力容器有关的法律法规、安全技术规范及相关标准；

（2）组织制定本单位压力容器使用安全管理制度，督促落实压力容器使用安全责任制，组织开展压力容器安全合规管理；

（3）组织制定压力容器事故应急专项预案并开展应急演练；

（4）落实压力容器安全事故报告义务，采取措施防止事故扩大；

（5）对压力容器安全员进行安全教育和技术培训，监督、指导压力容器安全员做好相关工作；

（6）按照规定组织开展压力容器使用安全风险评价工作，拟定并督促落实压力容器使用安全风险防控措施；

（7）对本单位压力容器使用安全管理工作进行检查，及时向主要负责人报告有关情况，提出改进措施；

（8）接受和配合有关部门开展压力容器安全监督检查、监督检验、定期检验和事故调查等工作，如实提供有关材料；

（9）履行市场监督管理部门规定和本单位要求的其他压力容器使用安全管理职责。

压力容器使用单位应当按照前款规定，结合本单位实际，细化制定《压力容器安全总监职责》。

压力容器安全员按照职责要求，对压力容器安全总监或者单位主要负责人负责，承担下列职责：

（1）建立健全压力容器安全技术档案并办理本单位压力容器使用登记；

（2）组织制定压力容器安全操作规程；

（3）组织对压力容器作业人员和技术人员进行教育和培训；

（4）组织对压力容器进行日常巡检，纠正和制止违章作业行为；

（5）编制压力容器定期检验计划，督促落实压力容器定期检验和后续整改等工作；

（6）按照规定报告压力容器事故，参加压力容器事故救援，协助进行事故调查和善后处理；

（7）履行市场监督管理部门规定和本单位要求的其他压力容器使用安全管理职责。

压力容器使用单位应当按照前款规定，结合本单位实际，细化制定《压力容器安全员守则》。

压力容器使用单位应当建立基于压力容器安全风险防控的动态管理机制，结合本单位实际，落实自查要求，制定《压力容器安全风险管控清单》，建立健全日管控、周排查、月调度工作制度和机制。

压力容器使用单位应当将主要负责人、压力容器安全总监和压力容器安全员的设立、调整情况，《压力容器安全风险管控清单》《压力容器安全总监职责》《压力容器安全员守则》以及压力容器安全总监、压力容器安全员提出的意见建议、报告和问题整改落实等履职情况予以记录并存档备查。

2. 压力容器的自行检查

压力容器的自行检查，包括月度检查、年度检查。

（1）月度检查。

使用单位每月对所使用的压力容器至少进行 1 次月度检查，并且应当记录检查情况；当年度检查与月度检查时间重合时，可不再进行月度检查。月度检查内容主要为压力容器本体及其安全附件、装卸附件、安全保护装置、测量调控装置、附属仪器仪表是否完好，各密封面有无泄漏，以及其他异常情况等。

（2）年度检查。

使用单位每年对所使用的压力容器至少进行 1 次年度检查，年度检查按照《固定式压力容器安全技术监察规程》7.2 的要求进行。年度检查工作完成后，应当进行压力容器使用安全状况分析，并且对年度检查中发现的隐患及时消除。

年度检查工作可以由压力容器使用单位安全管理人员组织经过专业培训的作业人员进行，也可以委托有资质的特种设备检验机构进行。

年度检查项目至少包括压力容器安全管理情况、压力容器本体及其运行状况和压力容器安全附件检查等。具体项目内容详见《固定式压力容器安全技术监察规程》7.2 条。

3. 设计使用年限

使用超过 20 年的压力容器视为达到设计使用年限，应按照《特种设备使用管理规则》要求办理相关手续。

4. 异常情况处理

压力容器发生下列异常情况之一的，操作人员应当立即采取应急专项措施，并且按照规定的程序，及时向本单位有关部门和人员报告：

①工作压力、工作温度超过规定值，采取措施仍不能得到有效控制的；

②受压元件发生裂缝、异常变形、泄漏、衬里层失效等危及安全的；

③安全附件失灵、损坏等不能起到安全保护作用的；

④垫片、紧固件损坏难以保证安全运行的；

⑤发生火灾等直接威胁到压力容器安全运行的；

⑥液位异常，采取措施仍不能得到有效控制的；

⑦压力容器与管道发生严重振动，危及安全运行的；

⑧与压力容器相连的管道出现泄漏，危及安全运行的；

⑨真空绝热压力容器外壁局部存在严重结冰、工作压力明显上升的；

⑩其他异常情况的。

5. 装卸连接装置要求

在移动式压力容器和固定式压力容器之间进行装卸作业的，其连接装置应当符合以下要求：

①压力容器与装卸管道或者装卸软管使用可靠的连接方式；

②有防止装卸管道或者装卸软管拉脱的联锁保护装置；

③所选用装卸管道或者装卸软管的材料与介质、低温工况相适应，装卸高（低）压液化气体、冷冻液化气体和液体的装卸用管的公称压力不得小于装卸系统工作压力的 2 倍，装卸压缩气体的装卸用管公称压力不得小于装卸系统工作压力的 1.3 倍，其最小爆破压力大于 4 倍的公称压力；

④充装单位或者使用单位对装卸软管必须每年进行 1 次耐压试验，试验压力为 1.5 倍的公称压力，无渗漏无异常变形为合格，试验结果要有记录和试验人员的签字。

6. 简单压力容器和以下 7 类压力容器

（1）深冷装置中非独立的压力容器、直燃型吸收式制冷装置中的压力容器、铝制板翅式热交换器、过程装置中冷箱内的压力容器；（2）盛装第二组介质的无壳体的套管热交换器；（3）超高压管式反应器；（4）移动式空气压缩机的储气罐；（5）水力自动补气气压给水（无塔上水）装置中的气压罐，消防装置中的气体或者气压给水（泡沫）压力罐；（6）水处理设备中的离子交换或者过滤用压力容器、热水锅炉用膨胀水箱；（7）蓄能器承压壳体不需要办理使用登记手续，在设计使用年限内不需要进行定期检验，使用单位负责其使用的安全管理，并且做好以下工作：

①建立设备安全管理档案，进行日常维护保养，定期自行检查并且记录存档，发现异常情况时，应当及时请特种设备检验机构进行检验；

②达到设计使用年限时应当报废，如需继续使用的，使用单位应当报特种设备检验机构进行检验；

③发生事故时，事故发生单位应当迅速采取有效措施，组织抢救，防止事故扩大，并且按照《特种设备事故报告和调查处理规定》的要求进行报告和处理，不得迟报、谎报或者瞒报事故情况。

7. 修理及带压密封安全要求

压力容器内部有压力时，不得进行任何修理。出现紧急泄漏需进行带压密封时，使用单位应当按照设计规定提出有效的操作要求和防护措施，并且经过使用单位安全管理负责人批准。

四、安全附件、安全保护装置及安全保护功能

压力容器的安全附件包括安全阀、爆破片装置、易熔塞、紧急切断装置。安全保护装置主要是指安全联锁装置。

1. 安全阀

安全阀是一种自动阀门（图 3-5），它不借助任何外力而利用介质本身的力来排出一额定数量的流体，以防止压力超过额定的安全值。当压力恢复正常后，阀门再行关闭并阻止介质继续流出。

图 3-5　安全阀

2. 易熔塞

易熔塞是利用装置内的低熔点合金在较高的温度下即熔化，打开通道，使气体从原来填充易熔合金的孔中排出来泄放压力，其特点是结构简单，更换容易，由熔化温度而确定的动作压力较易控制。

图 3-6　易熔塞

3. 爆破片装置

爆破片装置主要由爆破片（控制爆破压力的敏感元件）和夹持器（夹持固定爆破片，用以保证密封以及爆破压力稳定）组成，是一种由进出口介质压差作用驱使爆破片破裂而自动泄压的装置，属于非重闭式泄压装置。

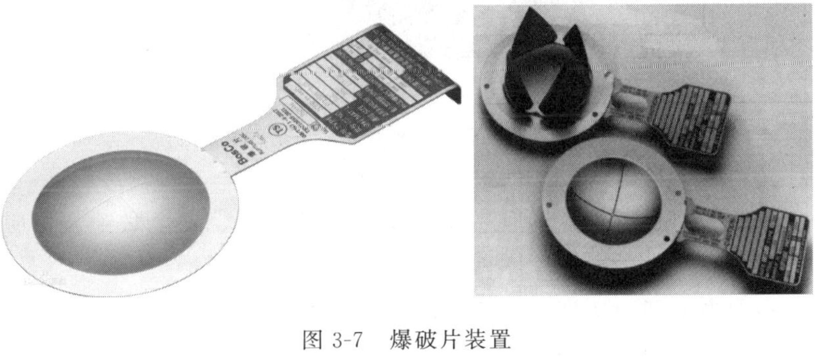

图 3-7　爆破片装置

4. 紧急切断装置

紧急切断装置一般由紧急切断阀、远程控制系统以及易熔塞自动切断装置组成，其作用是当管道及其附件发生破裂及误操作或罐车附近发生火灾事故时，可紧急关闭阀门迅速切断气源，防止事故蔓延扩大。

5. 快开门式压力容器安全联锁装置

快开门式压力容器，是指进出容器通道的端盖或者封头与主体间带有相互嵌套的快速密封锁紧装置的压力容器（图 3-8），用螺栓（例如活节螺栓）连接的不属于快开门式压力容器。

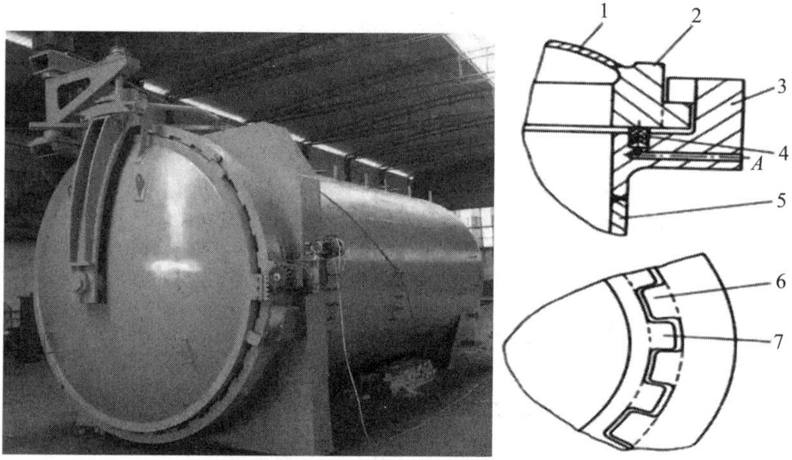

1—封头　2—封头法兰　3—端部法兰　4—密封圈
5—筒体　6—端部法兰齿　7—封头法兰齿

图 3-8　快开门式压力容器

快开门式压力容器应当设置安全联锁装置，安全联锁装置应当满足：

①当快开门达到预定关闭部位，方能升压运行；

②当压力容器的内部压力完全释放，方能打开快开门。

五、操作要领及注意事项

1. 从事快开门式压力容器、移动式压力容器充装、氧舱维护保养的压力容器作业人员应取得相应《特种设备安全管理和作业人员证》后方可从事相应的压力容器作业活动。

2. 压力容器操作人员要熟悉本岗位的工艺流程，熟悉容器的结构、类别、主要技术参数和技术性能。严格按操作规程操作，掌握处理一般事故的方法，认真填写有关记录。

3. 压力容器要平稳操作。容器开始加载时，速度不宜过快，特别是承受压力较高的容器，加压时需分阶段进行并在各阶段保持一定时间后再继续增加压力，直至规定压力。高温容器或工作温度较低的容器，加热或冷却时都应缓慢进行，以减小容器壳体温差应力。有些间断操作的容器会造成温度、压力的大幅度变化，这些是工艺要求决定的，在设计时虽做了考虑，但操作时应力求缓慢进行。另外，对于有衬里的容器，若降温、降压速度过快，有可能造成衬里鼓包；对固定管板式热交换器，温度大幅度急剧变化，会导致管子与管板的连接部位受到损伤。容器运行期间，还应尽量避免压力、温度的频繁和大幅度波动。压力、温度的频繁波动，会造成容器的疲劳破坏。在交变载荷作用下，接管、转角、开孔、支承部位、焊缝等处会萌生裂纹或使原有裂纹扩展，最终导致疲劳破裂。

4. 严格控制工艺参数。严禁容器超温、超压运行。为防止状态操作失误而造成容器超温、超压，可实行安全操作挂牌制度或装设联锁装置。容器装料时避免过急过量；使用减压装置的压力容器应密切注意减压装置的工作状况；液化气体严禁超量装载，并防止意外受热；随时检查容器安全附件的运行情况，保证其灵敏是否可靠。

5. 严禁带压拆卸压紧螺栓。

6. 坚持容器运行期间的巡回检查，及时发现操作中或设备上出现的不正常状态，并采取相应的措施进行调整或消除。

六、主要风险及其预防措施

压力容器在运行过程中可能存在的主要风险及预防措施如下：

表 3-2　压力容器在运行过程中可能存在的主要风险及预防措施

序号	主要风险	预防措施
1	爆炸	1. 遵守工艺纪律，严格按照生产工艺规定的工艺参数和核定的最高工作压力、最高（低）工作温度进行操作，对介质为液化气体的压力容器严禁过量超装，对其中有化学反应的压力容器，应严格控制加料速度、反应温度，严格控制反应速度；对低温绝热容器及有保温绝热层的压力容器，注意经常检查隔热层和绝热层是否完好，是否有破损、脱落、跑冷等现象； 2. 加强巡查，注意观察、记录相关仪表的显示； 3. 加强工艺操作人员的培训，熟悉掌握工艺流程、操作规程和应急预案； 4. 认真做好压力容器的选购、安装及验收工作，尽量避免先天性缺陷； 5. 加强容器的维护保养，积极开展容器的定期自行检查和定期检验工作； 6. 确保安全附件齐全、灵敏、可靠，按要求定期检定、校验、更换，对装有减压装置的管道，应定期检查减压装置是否完好，防止压力源超压

续表

序号	主要风险	预防措施
2	泄漏	1. 确保密封面不发生泄漏：定期更换密封垫、填料，对不平整的法兰面进行修整或更换，对称均匀拧紧连接螺栓； 2. 及时检修阀门防止阀门泄漏； 3. 加强巡查，对有泄漏的部位及时进行修理或处理； 4. 做好压力容器的检验、检查及维护保养工作。对强渗透性介质或易燃易爆介质，在检修完成后投运前进行泄漏性试验，确保不发生泄漏
3	本体出现裂纹、鼓包变形	1. 遵守工艺纪律，严格按照压力容器系统的工艺规程进行操作，防止超温超压运行或局部过热导致鼓包变形及裂纹的产生； 2. 尽量减少压力容器开停次数，并保证平稳操作，防止疲劳裂纹的产生； 3. 对有应力腐蚀倾向的压力容器，应严格控制介质的成分及其中有应力腐蚀倾向的物质，如液氨储罐应严格控制含水量，液化石油气储罐应严格控制湿 H_2S 含量，不锈钢容器中严格控制氯离子含量等； 4. 做好压力容器的检验、检查及维护保养工作

续表

序号	主要风险	预防措施
4	异常振动	1. 加强巡查，检查与容器相连管道及设备是否有异常振动，容器支撑是否松动、基础是否倾斜，有问题及时进行处理； 2. 开关阀门不宜过快，以保证系统平稳运行不产生振动； 3. 做好压力容器的检验、检查及维护保养工作
5	安全附件失效	1. 定期检定、校准、更换安全附件，确保安全附件准确可靠； 2. 做好安全附件的检查及维护保养工作； 3. 遵守工艺纪律，严格按照压力容器系统的工艺规程进行操作

七、常见问题图例

图 3-9 蒸压釜裂纹

图 3-10 筒体穿孔渗漏

图 3-11　分汽缸任意开孔

图 3-12　夹套容器裂纹

图 3-13　基础未固定

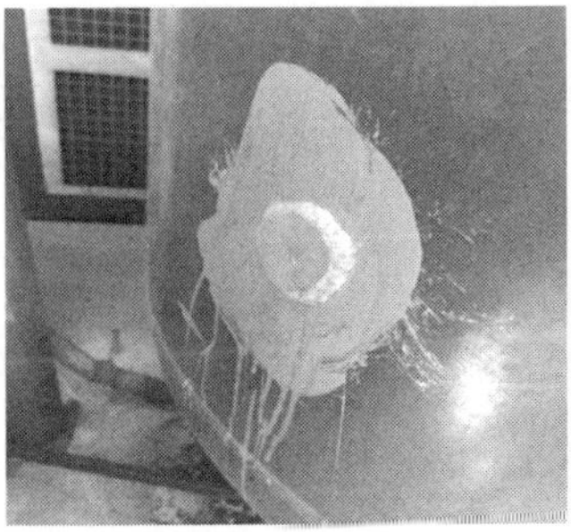

图 3-14　容器开孔后贴补

图 3-15　压力表表盘正对墙壁

第四章　气　瓶

一、气瓶的定义与分类

1. 气瓶的定义与范围

根据《气瓶安全技术规程》（TSG 23—2021）中对于气瓶的定义：适用于环境温度（−40～60 ℃）、公称容积为 0.4～3 000 L、公称工作压力为 0.2～70 MPa（表压），并且压力与容积的乘积大于或等于 1.0 MPa·L，盛装压缩气体、高（低）压液化气体、低温液化气体、溶解气体、吸附气体、混合气体以及标准沸点等于或低于 60 ℃的液体的无缝气瓶、低温气瓶、低温绝热气瓶、缠绕气瓶、内部装有填料的气瓶，以及气瓶集束装置。气瓶含瓶体和气瓶附件。

2. 气瓶的分类与品种

（1）按瓶体结构划分。

气瓶按照瓶体结构分为：

①无缝气瓶；

②焊接气瓶；

③纤维缠绕气瓶；

④低温绝热气瓶；

⑤内装填料气瓶。

（2）按公称工作压力划分。

气瓶按照公称工作压力，分为高压气瓶、低压气瓶。

高压气瓶是指公称工作压力大于或者等于 10 MPa 的气瓶；

低压气瓶是指公称工作压力小于 10 MPa 的气瓶。

（3）按公称容积分类。

气瓶按照公称容积分为小容积气瓶、中容积气瓶、大容积气瓶：

①小容积气瓶是指公称容积小于或等于 12 L 的气瓶；

②中容积气瓶是指公称容积大于 12 L 并且小于或等于 150 L 的气瓶；

③大容积气瓶是指公称容积大于 150 L 的气瓶。

（4）按用途分类。

气瓶按照用途一般分为：

①工业用气瓶；

②医用气瓶；

③燃气气瓶；

④车用气瓶；

⑤呼吸器用气瓶；

⑥消防灭火用气瓶。

表 4-1　气瓶结构品种及代号

气瓶结构及代号		气瓶品种及代号	
结构	代号	品种	代号
无缝气瓶	B1	钢质无缝气瓶、汽车用压缩天然气钢瓶	B1-1
		铝合金无缝气瓶	B1-2
		不锈钢无缝气瓶	B1-3
		长管拖车、管束式集装箱用大容积钢质无缝气瓶	B1-4
焊接气瓶（中小容积钢质焊接气瓶、大容积钢质焊接气瓶、工业用非重复充装焊接钢瓶、液化石油气钢瓶）	B2	钢质焊接气瓶、不锈钢焊接气瓶	B2-1
		工业用非重复充装焊接钢瓶	B2-2
		液化石油气钢瓶、液化二甲醚钢瓶、车用液化石油气钢瓶、车用液化二甲醚钢瓶	B2-3
纤维缠绕气瓶（金属内胆缠绕气瓶、非金属内胆缠绕气瓶）	B3	小容积金属内胆纤维缠绕气瓶	B3-1
		金属内胆纤维环缠绕气瓶（含车用）	B3-2
		金属内胆纤维全缠绕气瓶（含车用）	B3-3
		长管拖车、管束式集装箱用大容积金属内胆纤维缠绕气瓶	B3-4
		塑料内胆纤维全缠绕气瓶（含车用）	B3-5
低温绝热气瓶	B4	焊接绝热气瓶	B4-1
		车用液化天然气气瓶	B4-2
内装填料气瓶	B5	溶解乙炔气瓶	B5-1
		吸附气体气瓶	B5-2

图 4-1 无缝气瓶

图 4-2 压缩天然气缠绕钢瓶

图 4-3 液化石油气钢瓶

图 4-4 焊接绝热气瓶

二、典型气瓶的主要结构

1. 液化石油气钢瓶主要结构

图 4-5 液化石油气钢瓶主要结构

2. 无缝气瓶主要结构

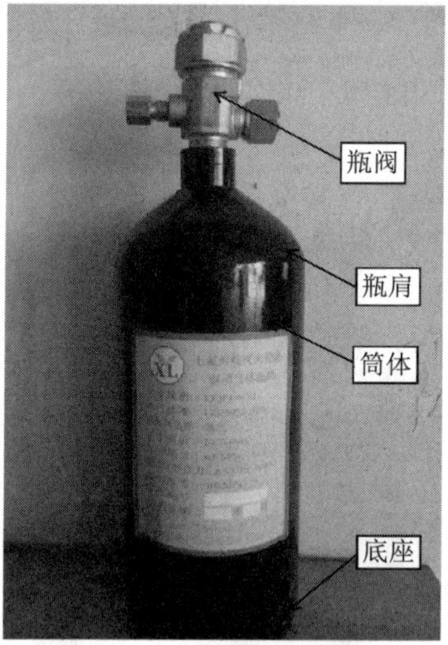

图 4-6 无缝气瓶主要结构

三、管理要求

1. 使用登记方式

车用气瓶在投入使用前，要进行安装监检，并向产权单位所在地的登记机关申请办理使用登记证；

气瓶（车用气瓶除外）以使用单位为对象向登记机关办理使用登记。

2. 气瓶的定期检验

气瓶的定期检验周期按照表 4-2 执行。气瓶（车用气瓶除外）的首次定期检验日期应当从气瓶制造日期起计算，车用气瓶的首次定期检验日期应当从气瓶使用登记日期起计算，但制造日期与使用登记日期的间隔不得超过 1 个定期检验周期。

有下列情况之一的气瓶，应当及时进行定期检验：

（1）有严重腐蚀、损伤，或者对其安全可靠性有怀疑的；

（2）库存或者停用时间超过一个检验周期后投入使用的；

（3）发生交通事故，可能影响车用气瓶安全的；

（4）气瓶相关标准规定需要提前进行定期检验的其他情况，以及检验人员认为有必要提前检验的。

已建立气瓶充装信息平台的充装单位检验的自有产权燃气气瓶，如果充装单位在定期检验周期内为每只气瓶购买了充装安全责任保险并且能够履行维护保养职责，在向使用登记机关办理书面告知后，可以由充装单位根据气瓶安全状况确定定期检验周期或进行超过设计使用年限后的安全评估，但经过安全评估的燃气气瓶的实际使用年限最长不得超过 12 年。

表 4-2　气瓶定期检验周期

<table>
<tr><th colspan="2">气瓶品种</th><th colspan="2">介质、环境</th><th>检验周期/年</th></tr>
<tr><td colspan="2" rowspan="6">钢质无缝气瓶、钢质焊接气瓶（不含液化石油气钢瓶、液化二甲醚钢瓶）、铝合金无缝气瓶</td><td colspan="2">腐蚀性气体、海水等腐蚀性环境</td><td>2</td></tr>
<tr><td colspan="2">氮、六氟化硫、四氟甲烷及惰性气体</td><td>5</td></tr>
<tr><td rowspan="2">纯度大于或者等于99.999%的高纯气体（气瓶内表面经防腐蚀处理且内表面粗糙度达到Ra0.4以上）</td><td>剧毒</td><td>5</td></tr>
<tr><td>其他</td><td>8</td></tr>
<tr><td colspan="2">混合气体</td><td>按混合气体中检验周期最短的气体特性确定（微量组分除外）</td></tr>
<tr><td colspan="2">其他气体</td><td>3</td></tr>
<tr><td rowspan="2">液化石油气钢瓶、液化二甲醚钢瓶</td><td>民用</td><td colspan="2" rowspan="2">液化石油气、液化二甲醚</td><td>4</td></tr>
<tr><td>车用</td><td>5</td></tr>
<tr><td colspan="2">车用压缩天然气瓶</td><td colspan="2" rowspan="4">压缩天然气、氢气、空气、氧气</td><td rowspan="4">3</td></tr>
<tr><td colspan="2">车用氢气气瓶</td></tr>
<tr><td colspan="2">气体储运用纤维缠绕气瓶</td></tr>
<tr><td colspan="2">呼吸器用复合气瓶</td></tr>
<tr><td colspan="2">低温绝热气瓶（含车用气瓶）</td><td colspan="2">液氧、液氮、液氩、液化二氧化碳、液化氧化亚氮、液化天然气</td><td>3</td></tr>
<tr><td colspan="2">溶解乙炔气瓶</td><td colspan="2">溶解乙炔</td><td>3</td></tr>
</table>

气瓶应当逐只进行定期检验，发现进行过焊接、修理、挖补、拆解、翻新的气瓶，或者瓶阀制造厂以外的单位和人员修理的瓶阀，均应当予以报废。另外气瓶存在以下条件之一的，应当进行报废：

（1）气瓶或者瓶阀使用时间超过其设计使用年限的；

（2）车用气瓶随报废车辆一同报废，其中出租车使用的车用压缩天然气瓶使用时间最长为 8 年；

（3）低温绝热气瓶的绝热性能无法满足使用要求并且无法修复的。

检验机构消除报废气瓶使用功能的破坏性处理，应当采用压扁或者将瓶体解体等不可修复的方式；禁止任何单位或个人采用钻孔或者破坏瓶口螺纹的方式对报废气瓶进行消除使用功能处理。

3. 气瓶的设计使用年限

气瓶瓶体的设计使用年限应满足表 4-3 的规定，表 4-3 中未列入的气瓶设计使用年限应当在相应产品标准中作出规定。如果气瓶制造单位在出厂的气瓶上刻印或压铸充装（产权）单位标志并装设可追溯的电子识读标志，充装单位能够确保气瓶始终处于良好的维护保养状态并通过安全评估，钢质无缝气瓶或者铝合金气瓶的实际使用年限可以延长至 30 年，燃气气瓶的实际使用年限可以延长至 12 年。

表 4-3 常用气瓶的设计使用年限

序号	气瓶品种	设计使用年限/年
1	钢质无缝气瓶	20
2	铝合金无缝气瓶	
3	溶解乙炔气瓶以及吸附式天然气钢瓶	

续表

序号	气瓶品种	设计使用年限/年
4	长管拖车、管束式集装箱用大容积钢质无缝气瓶	20
5	钢质焊接气瓶	
6	燃气气瓶	8
7	焊接绝热气瓶	20
8	汽车用液化天然气气瓶、车用压缩氢气铝内胆碳纤维全缠绕气瓶	10
9	汽车用压缩天然气钢瓶、车用液化石油气钢瓶、车用液化二甲醚钢瓶	15
10	金属内胆纤维缠绕气瓶（不含车用氢气瓶）	
11	盛装腐蚀性气体或者在海洋等易腐蚀环境中使用的钢质无缝气瓶、钢质焊接气瓶	12

4. 气瓶标志

（1）钢印标志适用范围。

气瓶钢印标志适用于无缝气瓶、焊接气瓶以及低温绝热气瓶（含液化天然气气瓶），焊接气瓶中的工业用非重复充装焊接钢瓶除外。

（2）基本要求。

①钢印标志应当准确、清晰、完整，刻印在瓶肩或者铭牌、护罩等不可拆卸附件上；

②气瓶标志应当采用机械或者激光方法打印、蚀刻、镂刻等能够形成永久性标记的方式；

③设置电子识读标志并在制造单位公示网站上公示的气瓶，可以适当减少钢印标志的项目内容，但至少应当保留制造单位标识、许可证号、执行标准、充装介质以及气瓶制造年份、气瓶出厂编号。

5. 安全常识教育

充装单位应当以纸质印刷或者扫描二维码方式显示气瓶的安全用气使用说明，对瓶装气体使用者进行安全常识教育，告知其应当遵守以下安全守则：

（1）禁止将盛装气体的气瓶置于人员密集或者靠近热源的场所，禁止使用任何热源对气瓶进行加热；

（2）瓶装气体使用者应当购买和使用符合相关规程要求的气瓶盛装的气体，不得购买和使用超过检验有效期或者报废的气瓶盛装的气体；

（3）在可能造成气体回流的瓶装气体使用场合，用气设施上应当配置防止倒灌的装置，如单向阀、止回阀、缓冲罐等；

（4）在瓶内压力较高、不能直接使用气体的场合，应当在气瓶出气口装设减压阀，减压阀应当符合相关标准的规定，并且在有效期内使用；瓶装气体用户应当确保减压阀与气瓶阀门连接牢固、密封可靠；

（5）按照相关标准的规定，保持气瓶内具有规定的剩余气体压力或者剩余气体重量；

（6）运输瓶装气体时，气瓶应当整齐放置；横放时，瓶端应当朝向一致；立放时，要妥善固定，防止气瓶倾倒；严禁抛、滑、滚、碰、撞、敲击气瓶；吊装气瓶或者气瓶集束装置时，严禁使用电磁起重机和金属链绳；

（7）储存瓶装气体实瓶时，存放空间温度超过 60 ℃的，应当采用喷淋等冷却措施；空瓶与实瓶应当分开放置，并且有明显标志；实瓶内气体互相接触会发生反应可能引起燃烧、爆炸、产生有毒有害物质的，应当分室隔离存放，并且在附近配有防毒用具和消防器材；对于储存易发生聚合反应或者分解反应气体的实瓶，应当根据气体的性质，控制存放空间的最高温度和限定储存数量、保存期限；实瓶储存数量较大的单位应当制定应急预案并定期进行演练；

（8）车用液化天然气气瓶的使用单位应当在车辆的明显位置标注“液化天然气汽车”字样，禁止将安装液化天然气气瓶的机动车辆驶入或者停放在建筑物内的停车场（库）等封闭空间；

（9）盛装可燃、助燃或者毒性介质的低温绝热气瓶，不得在封闭或者受限空间场所存放和使用。

四、气瓶附件

气瓶附件，是指与气瓶瓶体直接相连的具有安全保护或者防护功能的气瓶组件或者仪表。气瓶附件是气瓶的重要组成部分，对气瓶安全使用起着非常重要的作用。气瓶附件包括：

（1）气瓶安全附件，包括气瓶阀门（含组合阀件，简称瓶阀）、安全泄压装置、紧急切断装置等；

（2）气瓶保护附件，包括固定式瓶帽、保护罩、底座、颈圈等；

（3）安全仪表，包括压力表、液位计等。

1. 瓶阀

瓶阀是气瓶专用阀门的统称，是气瓶的主要安全附件，它是控制气体进出的一种装置。其作用是控制气体的进出，可燃性气体瓶阀出口螺纹是左旋，非可燃性气体的是右旋。

图 4-1　液化石油气钢瓶瓶阀结构图

瓶阀应符合以下基本要求：

（1）制造单位以外的其他单位和个人，不得对瓶阀进行修理、改造或者更换受压零部件；

（2）接触氧或者强氧化性气体的瓶阀应当进行脱脂处理；

（3）对于盛装可燃、有毒或者剧毒介质气瓶的瓶阀，制造单位还应当在瓶阀上装设电子识读标志，建立瓶阀产品质量安全追溯信息系统用于公示瓶阀的电子合格证，方便公众查询。

2. 瓶帽

保护瓶阀用的帽罩式安全附件的统称叫瓶帽。其功能在于避免气瓶在搬运和使用过程中，由于碰撞而损伤瓶阀，甚至造成瓶阀飞出、气瓶爆炸等事故。为防止气体泄漏或由于超压泄放装置动作，造成瓶帽爆炸，在瓶帽上要开有排气孔。为避免气体由一侧排出而产生的反作用力，排气孔应是对称的两个。

瓶帽应满足下列要求：

（1）应具有良好的抗撞击性能。为此，应禁止用灰口铸铁制造瓶帽。

(2) 应具有互换性，装卸方便，不易松动。

(3) 无特殊要求的，应配戴固定式瓶帽，同一工厂制造的同一规格的固定式瓶帽，重量允差不超过5%。

(4) 气瓶在运输、储存中必须配戴好瓶帽。

五、气瓶充装、储存和运输安全要求

1. 气瓶的充装

气瓶充装前必须对气瓶逐只进行检查，是为了防止气瓶在充装过程中或在运输、储存、使用中，由于混装、错装、换装、误用报废瓶或超期服役瓶等原因发生各种事故。

充装前检查和充装后检查必须按照操作规程进行，使用单位必须配备好充装前、后检查所需要的仪器设备。

2. 气瓶的储存

储存气瓶时，应遵守下列要求：

(1) 应置于专用仓库储存，气瓶仓库应符合《建筑设计防火规范》的有关要求；

(2) 仓库内不得有地沟、暗道，严禁明火和其他热源，仓库内应通风、干燥，避免阳光直射；

(3) 盛装易起聚合反应或分解反应气体的气瓶，必须根据气体的性质控制仓库内的最高温度、规定储存期限，并应避开放射线源；

(4) 空瓶与实瓶应分开设置，并有明显标志，毒性气体气瓶和瓶内气体相互接触能引起燃烧、爆炸、产生毒物的气瓶，应分室存放，并在附近设置防毒用具或灭火器材；

(5) 气瓶设置应整齐，配戴好瓶帽。

3. 气瓶的运输

气瓶搬运、装卸、储存和使用应遵守GB/T34525《气瓶搬运、装卸、储存和使用安全规定》，作业人员应按有关规定持证上岗，并了解所作业气瓶及瓶内介质的特性、相关要求和发生事故时的应急处置技术，应经常检查气瓶的安全情况，发现问题及时采取措施。

（1）搬运气瓶时，要旋紧瓶帽，以直立向上的位置来移动，注意轻装轻卸，禁止从瓶帽处提升气瓶。

（2）近距离（5 m 内）移动气瓶，应手扶瓶肩转动瓶底，并且要使用手套。移动距离较远时，应使用专用小车搬运，特殊情况下可采用适当的安全方式搬运。

（3）禁止用身体搬运高度超过 1.5 m 的气瓶到手推车或专用吊篮等里面，可采用手扶瓶肩转动瓶底的滚动方式。

（4）卸车时应在气瓶落地点铺上软垫或橡胶皮垫，逐个卸车，严禁溜放。

（5）装卸氧气瓶时，工作服、手套和装卸工具、机具上不得黏有油脂。

（6）当提升气瓶时，应使用专用吊篮或装物架。不得使用钢丝绳或链条吊索。严禁使用电磁起重机和链绳。

六、主要风险及管控措施

气瓶在使用、储存、运输中的主要风险及管控措施如下：

表 4-4　气瓶主要风险及管控措施

序号	主要风险	管控措施
1	气瓶中混入可燃气体，发生爆炸	1. 禁止把氧气瓶及乙炔瓶放在一起运送，也不准与易燃物品或装有可燃气体的容器一起运送； 2. 严禁将氧气与可燃气体混合充装

续表

序号	主要风险	管控措施
2	氧气瓶黏附油脂，发生爆炸	严禁黏有油脂的手套、棉纱或工具等同氧气瓶、瓶阀及管路接触
3	使用超期未检验或者检验不合格气瓶	按规定进行定期检验，超期未检验或者检验不合格气瓶严禁充装
4	气瓶剧烈震动或撞击发生爆炸	1. 运输、储存和使用过程中，避免气瓶剧烈震动和碰撞，防止脆裂爆炸，氧气瓶要有瓶帽和防震圈； 2. 禁止敲击和碰撞，气瓶使用时应采取可靠的防倾倒措施
5	气瓶直接受热发生爆炸	1. 气瓶避免阳光曝晒，须远离明火或热源。 2. 氧气瓶着火时应迅速关闭阀门。 3. 乙炔瓶应储存在通风良好的库房里，必须直立放置；周围设立防火防爆标志，并配备干粉或二氧化碳灭火器，禁止使用四氯化碳灭火器。 4. 乙炔瓶不能靠近热源和电器设备，防止曝晒，与明火距离不小于 10 m，严禁用火烘烤。搬运时的温度要保证在 40 ℃以下，乙炔瓶表面温度不能超过 40 ℃。 5. 使用乙炔瓶时必须装有减压阀和回火防止器，开启时操作者应站在阀门的侧后方，动作要轻缓

续表

序号	主要风险	管控措施
6	气瓶发生泄漏	1. 定期检验时对瓶阀认真检查，确保瓶阀无泄漏； 2. 气瓶充装后进行检查，确保瓶阀无泄漏； 3. 使用时如果发现泄漏，应及时关闭瓶阀，送到指定地点进行维修

第五章　压力管道

一、压力管道的定义与分类

1. 压力管道的定义与范围

压力管道，是指利用一定的压力，用于输送气体或者液体的管状设备，其范围规定为最高工作压力大于或者等于 0.1 MPa（表压），介质为气体、液化气体、蒸汽或者可燃、易爆、有毒、有腐蚀性、最高工作温度高于或者等于标准沸点的液体，且公称直径大于或者等于 50 mm 的管道。公称直径小于 150 mm，且其最高工作压力小于 1.6 MPa（表压）的输送无毒、不可燃、无腐蚀性气体的管道和设备本体所属管道除外。其中，石油天然气管道的安全监督管理还应按照《安全生产法》《石油天然气管道保护法》等法律法规实施。

长输管道分为输油管道和输气管道两个品种。依据 GB/T34275—2017《压力管道规范 长输管道》规定，指产地、储存库、用户间的用于输送（油气）商品介质的管道，划分为 GA1 级和 GA2 级。主要指输送介质为原油、成品油、石油气、天然气等陆上长输（油气）管道。

公用管道分为燃气管道和热力管道两个品种。依据 GB/T38942—2020《压力管道规范 公用管道》规定，燃气管道：由门站、储配站、各类气源厂站等燃气厂站至用户之间或者厂站之间公用性质的燃气管道及其附属设施。附属设施包括线路阀室、调压站（含调压箱）、凝水缸等。热力管道：由热源出口分界点至热用户（民用或工业）进口分界点之间，敷设在城镇范围内的蒸汽管道和热水管道及其附属设施。其中蒸汽介质设计压力小于或者等于 2.5 MPa，设计温度小于或者等于 350 ℃；热水介质设计压力小于或等于 2.5 MPa，设计温度小于或等于 200 ℃。

工业管道分为工艺管道、动力管道和制冷管道三个品种。依据 GB/T20801—2020《压力管道规范 工业管道》规定，管道是指由管道组成件装配而成，用于输送、分配、混合、分离、排放、计量或截止流体流动的系统。

2. 压力管道品种与分类

表 5-1 特种设备目录中压力管道的分类

代码	类别	品种
8100	长输管道	
8110		输油管道
8120		输气管道
8200	公用管道	
8210		燃气管道
8220		热力管道
8300	工业管道	
8310		工艺管道
8320		动力管道
8330		制冷管道

表 5-2　特种设备目录中压力管道元件的分类

代码	类别	品种
7100	压力管道管子	
7110		无缝钢管
7120		焊接钢管
7130		有色金属管
7140		球墨铸铁管
7150		复合管
71F0		非金属材料管
7200	压力管道管件	
7210		非焊接管件（无缝管件）
7220		焊接管件（有缝管件）
7230		锻制管件
7270		复合管件
72F0		非金属管件
7300	压力管道阀门	
7320		金属阀门
73F0		非金属阀门
73T0		特种阀门
7400	压力管道法兰	
7410		钢制锻造法兰
7420		非金属法兰
7500	补偿器	
7510		金属波纹补偿器
7530		旋转补偿器

续表

代码	类别	品种
75F0		非金属膨胀节
7700	压力管道密封元件	
7710		金属密封元件
77F0		非金属密封元件
7T00	压力管道特种元件	
7T10		防腐管道元件
7TZ0		元件组合装置

二、压力管道的基本结构和组成

压力管道工作原理是利用介质本身的压力，或者外界的动力，使输送的介质从开始端流向终点。

压力管道的结构和组成视管道的用途和功能而有所不同，一般由管道组成件、管道支撑件、安全保护装置和附属设施三大部分组成。

管道支撑件是承受管道质量和介质质量，或者兼顾管道位移的元件，分为安装件和附着件。安装件包括吊杆、弹簧支吊架、斜拉杆、松紧螺栓、支撑杆、链条、导轨等。附着件包括管吊、吊耳、圆环、夹子、吊夹夹板等。

组成件包括管子、管件、阀门、法兰、垫片、紧固件、膨胀节及波纹管、疏水器等。

安全保护装置和附属设施是预警、泄压、控制等保障管道安全运行，或者预防外界对管道破坏的装置。

三、管理要求

1. 安装、改造或者重大修理

（1）压力管道的使用单位应选择具有相应压力管道安装资质的单位进行安装、改造或者重大修理。

（2）负责压力管道安装、改造或者重大修理的施工单位应当在施工前将拟进行的压力管道安装、改造或者重大修理情况书面告知直辖市或者设区的市级人民政府负责特种设备安全监督管理的部门，告知后方可施工。

（3）压力管道的安装、改造或者重大修理过程，应当经使用单位所在地特种设备检验机构按照安全技术规范的要求进行监督检验，监督检验合格后方允许投入运行；未经监督检验或者监督检验不合格的，不得交付使用。

（4）压力管道的安装、改造或者重大修理单位应当在安装监督检验合格后三十日内将相关技术资料和文件移交压力管道使用单位。压力管道使用单位应当将其存入该特种设备的安全技术档案。

压力管道的安装、改造或者重大修理（一次性更换相同介质的管道总长度大于 100 m，应急抢修的管道施工过程除外），应进行监督检验。压力管道改造，是指改变管道规格、材质、结构布置或者改变管道介质、压力、温度等工作参数，致使管道性能或者管道结构发生变化的活动。压力管道重大修理，是指对管道采用焊接方法更换管段以及阀门、管子矫形、受压部件焊补、带压密封和带压封堵等。

2. 压力管道定期检验

使用单位应当制定压力管道定期检验计划，在压力管道定期检验有效期届满的一个月以前向检验机构申请定期检验。

压力管道定期检验时，使用单位要做好检验配合和安全监护工作，对所提供相关资料真实性负责。

对检验中发现的缺陷和问题，提出处理或者整改措施并且负责落实，及时将处理或者整改情况书面反馈给检验机构。

新安装的管道一般在投入使用后3年内进行首次定期检验。以后的检验周期由检验机构根据管道安全状况等级确定。

3. 压力管道安全技术档案

使用单位应建立压力管道安全技术档案。安全技术档案应当包括以下内容：

（1）设计资料，包括设计单位资质证明、设计及安装说明书、设计图样、强度计算书等；

（2）安装资料，包括安装单位资质证明、竣工验收资料（含管道组证件、管道支承件的质量证明文件），以及管道安装监督检验证书等；

（3）改造或者重大修理资料，包括施工方案和竣工资料，以及有关安全技术规范要求的改造、重大修理监督检验证书；

（4）使用管理资料，包括《使用登记证》《使用登记表》《压力管道基本信息汇总表　工业管道》，以及运行记录、运行条件变化情况、运行中出现异常以及相应处理情况的记录等，工业管道应当以使用单位为对象向登记机关办理使用登记；

（5）检验、检查资料，包括安全附件以及仪表的校验、检定资料，定期检验周期内的年度检查报告和上次的定期检验报告。

4. 动态管理

（1）停用：压力管道拟停用1年以上的，使用单位应当采取有效保护措施，并且设置停用标志，在停用后30日内填写《特种设备停用报废注销登记表》（一式两份）告知登记机关。重新启用时，使用单位应当进行自行检查，到使用登记机关办理启用手续；超过定期检验有效期的，应当申请定期检验。

（2）注销：压力管道迁出本行政区域，应当及时填写《特种设备停用报废注销登记表》，并至登记机关办理注销手续，取得注销证明。

（3）报废：压力管道存在严重事故隐患，无改造、修理价值的，或者达到相关标准规定报废条件的，使用单位应当依法履行报废义务，采取必要措施消除该条压力管道的使用功能，并且到登记机关注销使用登记。

四、安全保护装置及安全保护功能

安全保护装置以及附属仪器仪表的设计、制造和检验，应当符合有关安全技术规程及其相应标准的要求。

1. 安全阀

当压力管道内的压力高于安全阀的开启压力时，阀门自动开启，管道内的介质得以释放，压力下降；当压力管道内的压力小于安全阀的开启压力时，安全阀自动关闭，从而保护了压力管道不受到破坏。

安全阀的选用主要取决于管道的工艺条件和工作介质的特性。全启式安全阀用于排放气体、蒸汽或者液体介质；微启式安全阀适用于排放液体介质；排放有毒或者可燃介质时必须选用封闭式安全阀。

安全阀的铭牌应当用耐腐蚀材料制造，必须牢固固定在阀体或者阀盖外表面。铭牌上至少有以下内容的明显标志：安全阀制造许可证编号；制造单位名称；制造日期及产品编号；公称压力；公称通径；整定压力；流道直径或者流道面积；阀体材料。

安全阀一般每年至少校验一次。

2. 爆破片

压力管道输送易燃易爆介质，或者因为物料的黏度高，腐蚀性强、容易聚合、结晶等，使得安全阀不能可靠工作时，应当装设爆破片。对输送易燃介质或者毒性程度为极度危害、高度危害或者中度危害介质的压力管道，应在爆破片的排出口装设导管，将排放介质引至安全地点，进行妥善处理，不得直接排入大气。

爆破片装置应定期进行更换，对超过最大设计爆破压力而未爆破的爆破片应立即更换。爆破片装置应每 2 年更换一次。

3. 紧急切断阀

紧急切断阀是在管道运行中，如遇到突发故障或可能发生灾难性事件时，紧急切断介质来源，避免或减少事故的发生。易燃易爆介质、有毒介质的压力管道应安装紧急切断阀。

4. 减压阀

减压阀是一种自动阀门，是调节阀的一种。它是通过启闭件的节流，将进口的高压介质降低至某个需要的出口压力，在进口压力及流量变动时，能自动保持出口压力基本不变的阀门。对稳定和保护压力管道安全运行起到重要作用。

减压阀的低压侧应当装设安全阀和压力表。

5. 压力表

压力表的量程一般为工作压力的 1.5～13 倍。在压力管道运行过程中应加强对压力表的维护和检查。

（1）压力表应保持洁净，表盘上的玻璃要明亮清晰，表盘内指针指示的压力值能清楚易见，表盘玻璃破碎或表盘模糊不清的压力表应停止使用。

（2）压力表的连接管要定期吹洗，以免堵塞，特别是对用于较多的油垢或其他黏性物质的气体的压力表连接管，要经常检查压力表的指针的转动与波动是否正确，检查连接管上的旋塞是否处于全开状态。

（3）压力表必须定期校验，一般每半年校验一次。

五、操作要领及注意事项

使用单位应当在工艺操作规程和岗位操作规程中，明确提出管道的安全操作要求。

1. 管道的安全操作要求至少包括以下内容：

（1）管道操作工艺指标，包括最高工作压力、最高工作温度或者最低工作温度；

（2）管道操作方法，包括开、停车的操作方法和注意事项；

（3）管道运行中重点检查的项目和部位，运行中可能出现的异常现象和防止措施，以及紧急情况的处置和报告程序。

2. 操作人员必须熟悉本岗位压力管道的技术特性、系统结构、工艺流程、工艺指标、可能发生的事故和应采取的措施。做到“四懂三会”，即懂原理、懂性能、懂结构、懂用途；会使用、会维护、会排除故障。

3. 操作人员必须严格按照操作规程操作，严禁超压、超温运行。

4. 操作人员应严格执行巡回检查制度，做好巡回检查记录，发现异常情况应及时汇报处理。巡回检查的项目应包括：

（1）各项工艺指标操作参数、运行情况、系统平衡情况；

（2）管道接头、阀门及管件密封情况，是否存在泄漏；

（3）保温层、防腐层和保护层是否完好；

（4）管道振动情况；

（5）管道支架是否完好；

（6）管道之间、管道和相邻构件的摩擦情况；

（7）阀门等操作机构润滑是否良好；

（8）安全阀、压力表、爆破片等安全保护装置的运行、完好状态；

（9）静电跨接、静电接地、抗腐蚀阴极保护装置是否完好；

（10）是否存在其他缺陷。

六、主要风险及其管控措施

1. 压力管道的不安全状态

（1）压力管道由无资质单位设计、制造、安装、改造、重大修理，不符合安全技术规范要求；

（2）压力管道未经特种设备检验机构检验或检验不合格；

（3）在用特种设备存在必须停用修理的超标缺陷；

（3）安全附件超期未校验（安全阀检验周期为每年一次，压力表校验周期为每半年一次）或损坏；

（4）未对压力管道及安全附件进行日常检查和维护保养；

（5）压力管道故障未排除，带病运行：管子、管件本体变形、裂纹；腐蚀和冲刷引起的壁厚减薄；机械疲劳和热疲劳；超温、超压运行；静电接地失效；管道支承件损坏。

2. 压力管道作业人员的不安全行为

（1）未建立安全管理体系，未落实安全管理机构和压力管道主要负责人、压力管道总监、压力管道安全员；

（2）未建立压力管道安全管理制度和压力管道操作规程；

（3）未对压力管道运行及日常维护保养情况进行记录；

（4）压力管道管理人员、作业人员未经安全教育和技能培训，安全责任意识不强；

（5）未建立压力管道专项事故应急预案，未开展专项预案的演练；

（6）管理人员违章指挥、作业人员违规操作。

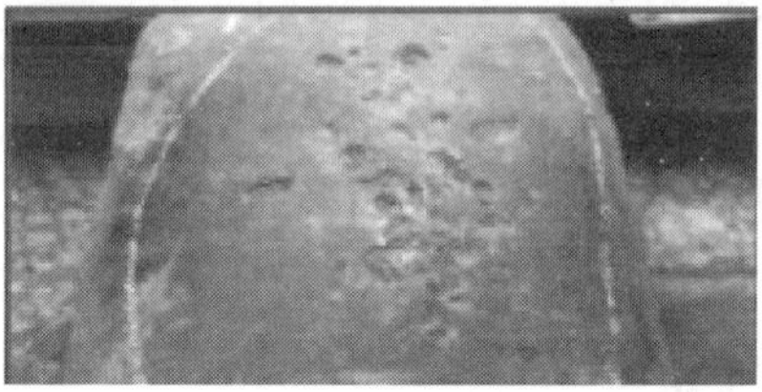

图 5-1　管道表面腐蚀坑

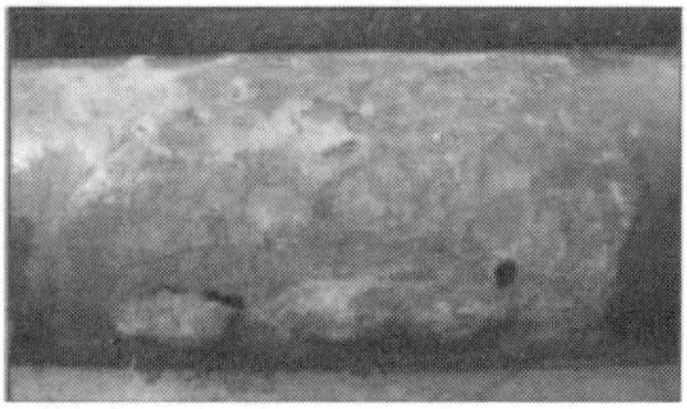

图 5-2　管道穿孔

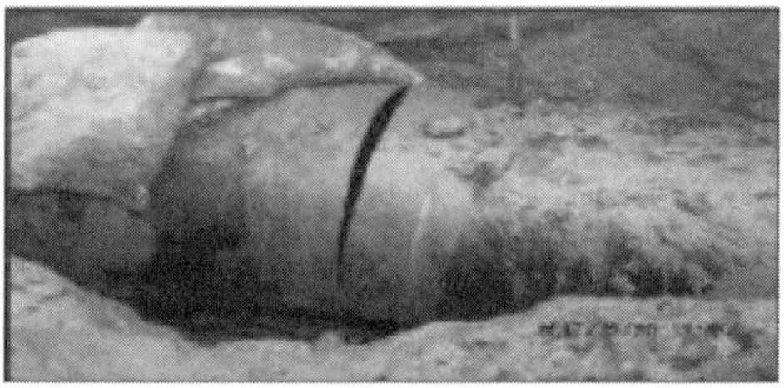

图 5-3　管道开裂

第六章　电　梯

一、电梯的定义

根据《特种设备目录》（国家质检总局2014年第114号公告），纳入特种设备目录管理的电梯，其定义和代码见表6-1所示：

表6-1　电梯的定义和分类

代码	种类	类别	品种
3000	电梯	电梯，是指动力驱动，利用沿刚性导轨运行的箱体或者沿固定线路运行的梯级（踏步），进行升降或者平行运送人、货物的机电设备，包括载人（货）电梯、自动扶梯、自动人行道等。 非公共场所安装且仅供单一家庭使用的电梯除外	
3100		曳引与强制驱动电梯	
3110			曳引驱动乘客电梯
3120			曳引驱动载货电梯

续表

代码	种类	类别	品种
3130			强制驱动载货电梯
3200		液压驱动电梯	
3210			液压乘客电梯
3220			液压载货电梯
3300		自动扶梯与自动人行道	
3310			自动扶梯
3320			自动人行道
3400		其他类型电梯	
3410			防爆电梯
3420			消防员电梯
3430			杂物电梯

二、常见电梯的基本结构

1. 曳引驱动电梯

曳引驱动电梯是目前使用最广泛的垂直升降电梯，根据用途不同，可分为曳引驱动乘客电梯和曳引驱动载货电梯，其主要结构基本一致。曳引驱动电梯（图 6-1）主要是由曳引系统、导向系统、门系统、轿厢系统、重量平衡系统、电力拖动系统、电气控制系统、安全保护系统等系统组成。

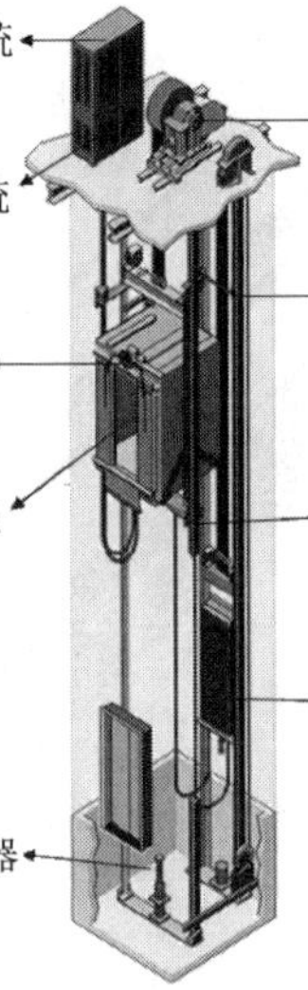

图 6-1 曳引驱动电梯示意图

2. 自动扶梯与自动人行道

自动扶梯（图 6-2）是带有循环运行梯级，用于向上或向下倾斜输送乘客的固定电力驱动设备。自动人行道是带有循环运行（板式或带式）走道，用于水平或倾斜角不大于 12°输送乘客的固定电力驱动设备。两者主要区别在承载装置上，自动扶梯是梯级，自动人行道是踏板。自动扶梯和自动人行道的动力源是驱动装置，它通过主驱动链向主轴驱动轴传递动力，梯级或踏板链由主驱动轴驱动，带动梯级或踏板做向上或向下的运动。其主要部件有梯级或踏板、牵引链条及链轮、导轨系统、主传动系统、驱动主轴、梯路张紧装置、扶手系统、梳齿板、扶梯桁架和电气系统等。

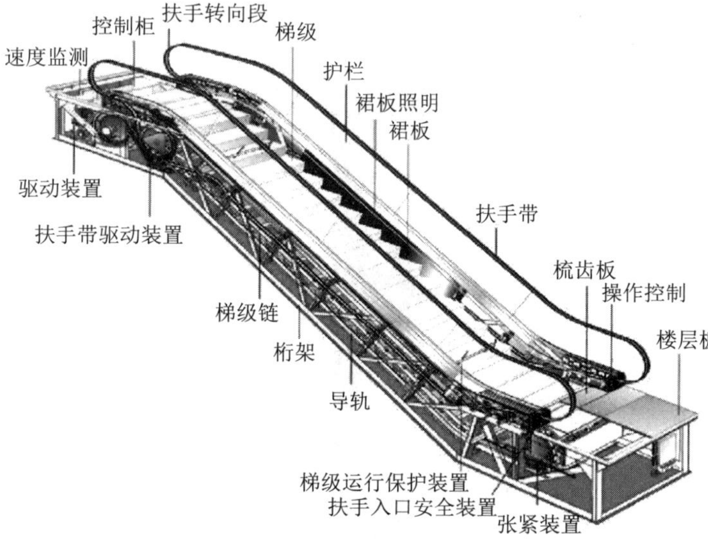

图 6-2　自动扶梯示意图

3. 杂物电梯（图 6-3）

杂物电梯常被称作传菜梯，是服务于规定层站的固定式升降设备。它具有一个轿厢，轿厢的尺寸和结构形式不允许人员进入。轿厢借助于钢丝绳或链条悬挂或柱塞支撑，由电力或液压驱动在与铅垂线倾斜度不大于 15°的刚性导轨上运行。根据 GB 25194—2010《杂物电梯制造与安装安全规范》，轿厢尺寸与载重应满足以下要求：底板面积≤1.0 m^2、深度≤1.0 m、高度≤1.20 m、载重≤300 kg。

4. 液压电梯（图 6-4）

液压电梯是指通过液压动力源，把液压油压入油缸使柱塞做直线运动，直接或通过钢丝绳间接地使轿厢运动的电梯。液压电梯是机、电、电子、液压一体化的产品，由下列相对独立但又相互联系配合的系统组成：泵站系统、液压系统、导向系统、轿厢系统、门系统、电气控制系统、安全保护系统等。

图 6-3 杂物电梯

图 6-4 液压电梯

三、电梯的管理和检验要求

1. 管理要求和人员配置

根据国家市场监管总局第 74 号令《特种设备使用单位落实使用安全主体责任监督管理规定》（2023 年 5 月 5 日起施行）规定：电梯使用单位应当根据本单位电梯的数量、用途、使用环境等情况，配备电梯安全总监和足够数量的电梯安全员，并逐台明确负责的电梯安全员。以下情况需设置安全管理机构，且任命的安全总监需要持 A 证：

（1）使用为公众提供运营服务电梯的单位（比如张家界的百龙天梯）；

（2）在公众聚集场所（是指学校、幼儿园以及医疗机构、车站、机场、客运码头、商场、餐饮场所、体育场馆、展览馆、公园、宾馆、影剧院、图书馆、儿童活动中心、公共浴池、养老机构等）使用 30 台以上（含 30 台）电梯的使用单位；

（3）使用电梯总数大于等于 50 台的使用单位；（比如一个物业单位，管理三个小区，电梯总台数≥50 台）。

上述三类需设置安全管理机构的单位和以下情况需配持 A 证的电梯安全管理员：使用单位使用电梯总数大于等于 20 台的，应设置电梯安全员。

电梯安全总监和电梯安全员应当具备下列电梯使用安全管理能力：

（1）熟悉电梯使用相关法律法规、安全技术规范、标准和本单位电梯安全使用要求；

（2）具备识别和防控电梯使用安全风险的专业知识；

（3）具备按照相关要求履行岗位职责的能力；

（4）符合特种设备法律法规和安全技术规范的其他要求。

以下情况需要配备专职电梯司机：医院病床电梯、直接用于旅游观光的额定速度大于 2.5 m/s 的乘客电梯以及需要司机操作的电梯。专职电梯司机以前需要持 T3 证上岗，现在 T3 证已被取消，只需医院、旅游景区等电梯使用单位做好相关人员的培训和管理工作，保证其工作能力即可上岗。

2. 应急预案的相关要求

按照要求应配置电梯安全总监和电梯安全员的使用单位，应当制定特种设备事故应急专项预案，每年至少演练一次，并且做出记录；其他使用单位可以在综合应急预案中编制特种设备事故应急的内容，适时开展特种设备事故应急演练，并且做出记录。

3. 检验要求

监督检验：电梯安装、改造、重大修理的施工单位应当在施工前办理书面告知，并向所在地检验机构申请监督检验。电梯的安装、改造、修理、维护的划分可以查看《电梯施工类别划分表》，在用电梯对于涉及改造和重大修理的施工，应严格按要求办理告知和申请监督检验。

定期检验与检测：根据 TSG T7001—2023《电梯监督检验和定期检验规则》的要求，电梯按照如下周期开展定期检验：

(1) 使用15年以内的电梯，分别在第1、第4、第7、第9、第11、第13、第15年进行一次定期检验；使用超过15年的电梯，每年进行一次定期检验。

(2) 经重大修理并且监督检验合格的电梯，当年的定期检验（如果有）不再实施，其后仍然按照以上第1项确定的年份进行定期检验。

(3) 停用1年以上的电梯重新启用前，应进行定期检验；其后仍然按照第1项确定的年份进行定期检验。

(4) 电梯的定期检验日期以最近一次监督检验合格日期所在月份为基准确定；对于第3项所述情形，以其定期检验合格日期所在月份为基准确定。可以根据使用单位的申请，最多提前2个月进行定期检验，但下次定期检验日期仍然按照前款要求确定。

(5) 省级特种设备安全监督管理部门可以根据国家和地方有关防灾、防疫等政策，以及灾后勘察、事故调查等情况，提出提前或者延期进行定期检验的要求。

4. 技术档案

使用单位应当逐台建立电梯技术档案资料并妥善保管，至少应包括以下内容：

(1) 设备随机资料（制造单位生产许可证、型式试验合格证、产品质量证明文件、电气原理图、安装使用维护说明书等）；

(2)《特种设备使用登记证》；

(3) 监督检验报告、定期检验报告，限速器校验记录（或报告）；

(4) 年度自行检查记录或报告、日常检查和使用状况记录、日常维护保养记录、运行故障和事故记录、应急救援演习记录等；

(5) 其他必要存档资料。

5. 应急救援

电梯发生困人事故时，一般救援程序如下：

（1）乘客被困电梯后，通过轿厢内的紧急报警装置与电梯管理人员联系。

（2）电梯管理人员接到报警电话后，应问清楚被困人员情况（如困人电梯位置、被困人员人数和健康状况等），并及时对被困人员进行安抚。

（3）电梯管理人员立即联系电梯维保公司，请两名持证的电梯维保人员来现场开展救援工作（使用单位持证的电梯管理人员配合电梯救援工作）。

（4）持证的电梯维保人员来到现场后，通过松闸、盘车等救援手段，将被困人员救出，并对困人电梯进行故障排查，待排除故障后，该电梯才能重新投入使用。电梯管理人员应及时将此次困人事故记录在案。

四、安全保护装置和重要部件

1. 限速器

限速器是电梯的自动安全保护装置，当电梯的运行速度超过额定速度一定值时，其动作能切断安全回路或进一步导致安全钳或上行超速保护装置起作用，使电梯减速直到停止。电梯的维护保养单位应当每 2 年（对于使用年限不超过 15 年的限速器）或者每年（对于使用年限超过 15 年的限速器）进行一次限速器动作速度校验，校验结果应当符合要求。限速器不应出现严重锈蚀，运转时不得出现碰擦、卡阻、转动不灵活等现象。

2. 缓冲器

缓冲器是位于行程端部，用来吸收轿厢或对重动能的一种缓冲安全装置。缓冲器分为耗能型缓冲器和蓄能型缓冲器两种类型。蓄能型缓冲器只能用于额定速度不大于 1 m/s 的电梯，常见的有聚氨酯缓冲器和弹簧缓冲器，聚氨酯缓冲器一般出厂资料上有使用年限要求，超过使用年限应及时更换，否则极易因老化而失效，失去安全保护的功能。常见的耗能型缓冲器为液压缓冲器，电梯维保时应检查液位，按时按要求进行液压油的更换。缓冲器因损坏需要更换时，务必选择同型号同规格的缓冲器。

图 6-5 限速器

图 6-6 蓄能型缓冲器

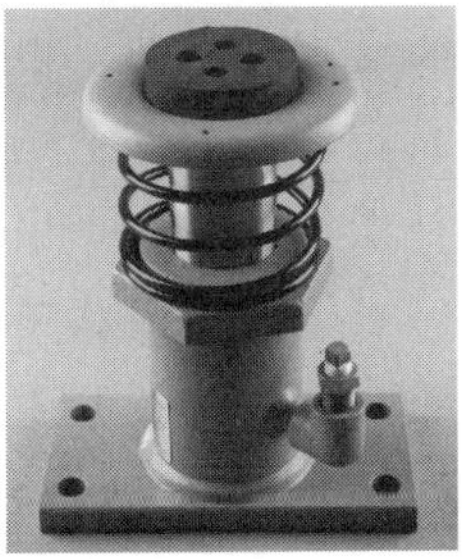

图 6-7 耗能型缓冲器

3. 制动器

制动器是电梯重要的安全保护装置，是保证电梯安全运行的重要部件。电梯上的制动器通常指的是机电式制动器，常见的有鼓式制动器、块式制动器、碟式制动器等。电梯制动器是常闭式的，通电时产生电磁推力，使制动机构与电机旋转部分脱离，断电时电磁力消失，在外加制动弹簧压力的作用下，形成失电制动的摩擦式制动器。制动器应动作灵活，制动时制动闸瓦（制动钳）应紧密、均匀地贴合在制动轮（制动盘）上，电梯运行时制动闸瓦（制动钳）与制动轮（制动盘）不发生摩擦，制动闸瓦（制动钳）以及制动轮（制动盘）的工作面上没有油污。

4. 紧急报警装置

紧急报警装置的一端连接轿厢，另外一端接连救援服务机构，是电梯困人后乘客寻求救助的重要保障。在实际管理使用中，紧急报警装置失效是出现最多的不合格项目，主要原因是线路不通、紧急电源失效、救援服务机构无接听等。在日常管理中应加强对紧急报警装置的检查，按照要求在断开市电供电的状态下进行通话测试，按时检查 UPS 电源。应保障对讲系统是全双工的，半双工的对讲机是不符合要求的。

5. 钢丝绳

钢丝绳作为曳引式电梯的重要承载部件，随着电梯运行而不断磨损和弯曲，也是易损部件，安全技术规范明确规定必须要对其定期进行安全例行检查。出现下列情况之一时，悬挂钢丝绳和补偿钢丝绳应当报废：

①出现笼状畸变、绳股挤出、扭结、部分压扁、弯折；

②一个捻距内出现的断丝数大于表 6-2 列出的数值时；

③钢丝绳直径小于其公称直径的 90%；

④钢丝绳严重锈蚀，铁锈填满绳股间隙。

采用其他类型悬挂装置的，悬挂装置的磨损、变形等不得超过制造单位设定的报废指标。

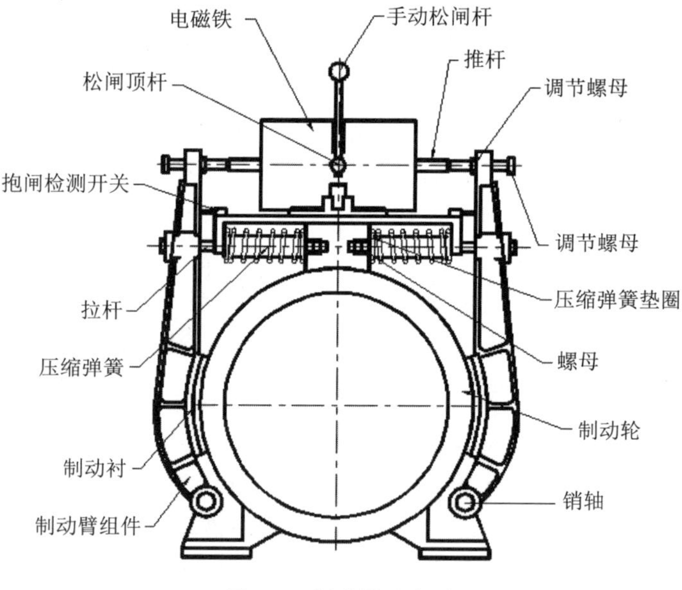

图 6-8 制动器示意图

表 6-2 钢丝绳断丝数对照表

断丝的形式	钢丝绳类型		
	6×19	8×19	9×19
均布在外层绳股上	24	30	34
集中在一或者两根外层绳股上	8	10	11
一根外层绳股上相邻的断丝	4	4	4
股谷（缝）断丝	1	1	1

注：上述断丝数的参考长度为一个捻距，约为 6 *d*（*d* 表示钢丝绳的公称直径，mm）。

五、管理要领及注意事项

1. 管理要领

电梯管理包括很多方面，建议从以下方面进行把控：

（1）结合单位实际情况制定切实可行的电梯运行管理规章制度，组织培训学习，让相关人员熟悉自己的岗位职责；

（2）积极听取乘梯人员的意见和反映，了解电梯的使用情况和存在的问题；

（3）加强对电梯维修保养的监督和管理，保证维保质量、自检质量和紧急救援的能力；

（4）积极配合电梯维修保养工作，及时排除存在的故障，不让电梯带病运行；

（5）重视解决小问题，让事故消除在萌芽状态；

（6）按时申请电梯检验检测，排查电梯事故隐患；

（7）管理人员加强对电梯知识和相关法律法规的学习，提升电梯管理的水平；

（8）组织安全乘梯知识宣传活动，提高乘客安全乘梯用梯的认识和意识；

(9) 加强对特殊乘梯用梯的管理，如搬运玻璃用梯、叉车搬货用梯、易燃易爆物搬运用梯等；

(10) 积极组织应急救援演练，通过演练检验救援能力，发现各环节存在的问题和缺失。

2. 管理注意事项

(1) 专职电梯安全管理员必须经过专门培训，必须持A证上岗；

(2) 电梯维保人员应持证上岗，熟悉电梯的原理、性能、技术参数及安全要求等；

(3) 电梯维保人员进行维护保养作业时应配戴好劳保防护用品，如安全帽、工作服、工作鞋等；

(4) 严禁短接电梯的安全回路和门锁；

(5) 不得随意改变曳引驱动电梯的平衡系数，包括过度装修、超标准安装空调、随意增减对重块等；

(6) 不得随意更换不同规格型号的电梯部件；

(7) 非授权人员不得从事电梯救援工作，应在尽量短的时间内将被困人员救出，电梯故障困人轿厢滞留人员超过2小时属于一般事故；

(8) 紧急报警的救援服务机构应有24小时人员值守或者等效的方式；

(9) 应该加强对儿童在自动扶梯与自动人行道上追逐玩耍的管控，加强对老年人乘坐自动扶梯与自动人行道的帮扶；

(10) 对于倾斜角较大的自动人行道，停止状态不应当作通道使用，容易致使人员摔跤，尤其是雨天；

(11) 切实保障紧急救援通道畅通无阻，对于不得不设置的通道门，应有备用钥匙；

(12) 电梯不得超参数运行，包括载重量、运行速度等；

(13) 非公共场所安装且仅供单一家庭使用的电梯如果使用

性质改变，应该及时申请纳入特种设备监督管理体系中；

（14）使用标志应张贴于电梯明显位置，关注下次检验日期，提醒使用单位及时报检。

六、电梯主要风险及其预防措施

表 6-3 电梯主要风险及其预防措施

序号	主要风险	可能原因	预防措施
1	电梯超速下坠	电梯制动器或者速度检测装置失效，且限速器—安全钳联动无效	加强制动器、限速器的检查，维修保养时增加限速器—安全钳联动试验
2	电梯冲顶	电梯制动器或者速度检测装置失效，且上行超速保护装置失效	加强对制动器和上行超速保护装置的检查
3	剪切风险	门锁故障或制动器故障	不得短接门锁，加强对制动器的检查，老标准生产的电梯改造升级增加意外移动保护装置（UCMP）、门回路检测功能；杂物电梯的使用人员不得将头和躯体部分伸到轿厢
4	电梯困人且超时	紧急报警装置失效、紧急救援通道不通畅、紧急救援操作装置失效或维保人员不胜任	经常检查紧急报警装置和紧急救援操作装置，确保紧急救援通道畅通，多开展应急演练

续表

序号	主要风险	可能原因	预防措施
5	触电风险	电气绝缘破损时，或底坑积水	加强对绝缘性能的检测，特别是老旧电梯，尽可能地增加漏电保护装置；当底坑积水时，必须抽干积水后方可下底坑作业
6	摔倒	乘客未按要求乘坐自动扶梯，或者自动扶梯制停距离过短	加强对乘梯人员的提醒，检查扶梯空载制停距离
7	高空跌落	维修保养人员进入井道时粗心大意；进行困人救援时电梯不在平层区域；扶手带对人员的拖拽	加强安全警示教育，加强对乘客乘坐自动扶梯和自动人行道的管理，严格执行救援程序要求

第七章 起重机械

一、起重机械的定义与分类

1. 定义与范围

按照《特种设备目录》（国家质检总局 2014 年第 114 号公告），起重机械的定义如下：起重机械是指用于垂直升降或者垂直升降并水平移动重物的机电设备，其范围规定为：额定起重量大于或者等于 0.5 t 的升降机；额定起重量大于或者等于 3 t（或额定起重力矩大于或者等于 40 t·m 的塔式起重机，或生产率大于或者等于 300 t/h 的装卸桥），且提升高度大于或者等于 2 m 的起重机；层数大于或者等于 2 层的机械式停车设备。

2. 品种与分类

表 7-1 《特种设备目录》中起重机械的分类

代码	类别	品种
4100	桥式起重机	
4110		通用桥式起重机
4130		防爆桥式起重机
4140		绝缘桥式起重机
4150		冶金桥式起重机
4170		电动单梁起重机
4190		电动葫芦桥式起重机
4200	门式起重机	
4210		通用门式起重机
4220		防爆门式起重机
4230		轨道式集装箱门式起重机
4240		轮胎式集装箱门式起重机
4250		岸边集装箱起重机
4260		造船门式起重机
4270		电动葫芦门式起重机
4280		装卸桥
4290		架桥机

续表

代码	类别	品种
4300	塔式起重机	
4310		普通塔式起重机
4320		电站塔式起重机
4400	流动式起重机	
4410		轮胎起重机
4420		履带起重机
4440		集装箱正面吊运起重机
4450		铁路起重机
4700	门座式起重机	
4710		门座起重机
4760		固定式起重机
4800	升降机	
4860		施工升降机
4870		简易升降机
4900	缆索式起重机	
4A00	桅杆式起重机	
4D00	机械式停车设备	

二、典型起重机基本结构

1. 通用桥式起重机基本结构

图 7-1　通用桥式起重机结构

2. 起重机小车基本结构

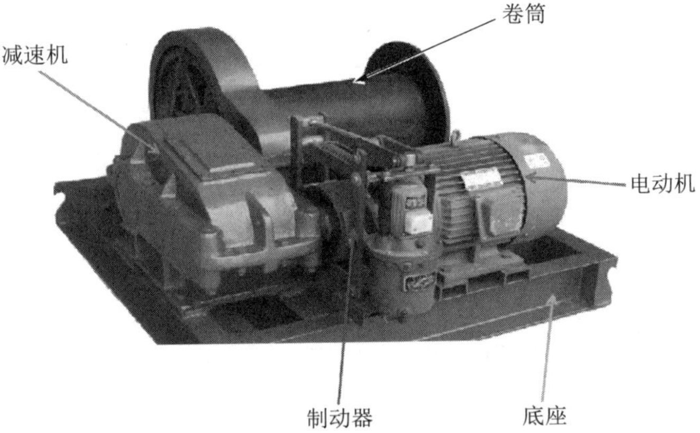

图 7-2　起重机起升机构

3. 通用门式起重机基本结构

图 7-3　通用门式起重机基本结构

4. 电动葫芦基本结构（冶金电动葫芦）

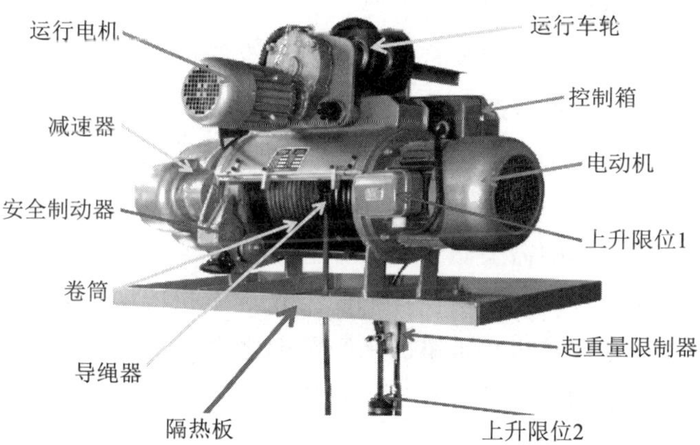

图 7-4　冶金电动葫芦结构

三、管理要求

1. 选型采购

（1）考虑使用环境的特殊性。

①吊运熔融炽热金属的起重机，应选用冶金类起重机；

②在腐蚀环境中工作时，起重机应该选用镀锌钢丝绳；

③在有耐酸要求的场合工作时，应该选用镀铅钢丝绳；

④对有防爆要求的使用环境，应选用防爆类起重机；

⑤在电解铝等工作场所，应该选择绝缘起重机。

（2）考虑使用参数的符合性。

①尽量选择额定起重量系列中，稍大于实际需要起重量的起重机，如实际吊运 7～8 t 的货物，则选择额定起重量 10 t 的起重机。

②起升高度的选择应该符合使用情况的要求，在购买合同中应该注明，另外，如果有下降深度要求的场合，其下降深度和起升高度应该符合实际使用的需要。

③跨度的选择，应该符合起重机标准跨度系列的要求，从厂房设计开始，应该按照起重机标准跨度系列进行。

④工作速度的选择，应该符合起重机实际使用的需要，如：上升与下降速度、大小车运行速度、回转速度、变幅速度等均应该符合实际使用的需要。

⑤轮压应该符合厂房设计的需要，起重机的实际轮压应该在起重机轨道和起重机承重梁的承受范围之内。

⑥工作级别的选择是起重机选用中应该注意的一个最基本的参数，应该根据实际情况确定起重机正常工作时的载荷状态和利用等级，选择工作级别合适的起重机。GB/T 3811—2008《起重机设计规范》的附录 A 起重机整机分级举例对流动式起重机、塔

式起重机、臂架式起重机、桥式和门式起重机的整机工作级别有推荐值。

⑦起重机与厂房的安全间距应该符合 GB/T 6067.1—2010《起重机械安全规程 第 1 部分：总则》等标准、规范的要求。即在最不利位置和最不利装载条件下，起重机的所有运动部分（吊具和其他取物装置除外）与建筑物的净距规定如下：

a. 距固定部分不小于 0.05 m；

b. 距任何栏杆或扶手不小于 0.10 m；

c. 距出入区不小于 0.50 m（出入区是指允许人员进出的所有通道，但工作平台除外）。对于通用桥式起重机，其与厂房之间的间隙一般应符合以下要求：上方间隙≥200 mm，侧方间隙≥100 mm。

2. 安装

（1）起重机械的使用单位应选择依照《特种设备安全法》取得相应《起重机械安装许可证》的单位进行安装。

（2）负责起重机械安装的施工单位应当在施工前将拟进行的起重机安装情况书面告知直辖市或者设区的市级人民政府负责特种设备安全监督管理的部门，告知后方可施工。

（3）起重机械的安装过程，应当经使用单位所在地特种设备检验机构按照安全技术规范的要求进行监督检验，检验合格后方允许投入运行；未经监督检验或者监督检验不合格的，不得出厂或者交付使用。

（4）起重机械的安装施工单位应当在安装监督检验合格后三十日内将相关技术资料和文件移交起重机械的使用单位。起重机械使用单位应当将其存入该特种设备的安全技术档案。

3. 检验

起重机械的使用单位应该在进行经常性维护保养和自行检查

的基础上，依据相关法律法规的要求，对纳入使用登记的在用起重机械按照一定的周期向使用所在地特种设备检验检测机构提出定期检验要求。

（1）在用起重机械的定期检验周期。

①塔式起重机、升降机、流动式起重机、缆索式起重机，每年1次；

②桥式起重机、门式起重机、门座式起重机、桅杆式起重机、机械式停车设备，每2年1次。

（2）现场检验前准备工作。

①提交起重机械上次检验报告及使用登记证，上次检验周期内的维保、修理（如有）和自检记录，以及检验工作需要的其他相关资料；

②需要拆卸才能检验的零部件、安全保护和防护装置，按照要求进行拆卸；

③将起重机械主要受力结构件、主要焊缝、严重腐蚀部位，以及检验人员指定部位和部件清理干净；

④需要登高进行检验的部位（高于地面或者固定平面2 m以上），采取可靠的登高安全措施；

⑤安全照明、工作电源满足检验要求；

⑥需要进行载荷试验的，配备满足检验需要的载荷；

⑦现场的环境和场地条件符合检验要求，没有影响检验的物品、设施等，并且设置相应的警示标志；

⑧需要进行现场射线检测时，隔离出透照区，设置安全标志；

⑨防爆设备现场，具有良好的通风，确保环境空气中的爆炸性气体或者可燃性粉尘物质浓度低于爆炸下限的相应规定；

⑩落实其他必要的安全保护和防护措施以及辅助工具。

现场检验时，使用单位要做好定期检验配合工作，检验完成后，使用单位应该在规定的时限内做好隐患整改工作。

4. 技术档案

使用单位应当逐台建立特种设备技术档案，至少应包括以下内容：

（1）起重机械的设计文件、产品质量合格证明、安装及使用维护保养说明、监督检验证明等相关技术资料和文件；

（2）《特种设备使用登记证》《特种设备使用登记表》；

（3）起重机械的定期检验和定期自行检查记录；

（4）起重机械的日常使用状况记录；

（5）起重机械及其附属仪器仪表的维护保养记录；

（6）起重机械的运行故障和事故记录。

（7）特种设备台账（一般 3 台以上应建立）；

（8）特种设备作业人员证件及聘用记录；

（9）应急预案；

（10）安全操作规程。

5. 动态管理

（1）停用：起重机械拟停用 1 年以上的，使用单位应当采取有效保护措施，并且设置“停用”标志，在停用后 30 日内填写《特种设备停用报废注销登记表》（一式两份）告知登记机关。重新启用时，使用单位应当进行自行检查，到使用登记机关办理启用手续；超过定期检验有效期的，应当申请定期检验。

（2）注销：起重机械迁出本行政区域，应当及时填写《特种设备停用报废注销登记表》（一式两份），并至登记机关办理注销手续，取得注销证明。

（3）报废：起重机械存在严重事故隐患，无改造、修理价值的，或者达到相关标准规定报废条件的，使用单位应当依法履行报废义务，采取必要措施消除该起重机的使用功能，并且到登记机关注销使用登记。

（4）改造：是指改变原有起重机械主要受力结构件的结构形式，或者主要机构的配置形式，或者主参数的活动。

（5）重大修理：是指更换原有起重机械主要受力结构件、主要机构、控制系统，但是不改变主参数的活动。

（6）修理：是指更换原有主要部件、安全保护装置，调整控制系统，但是不改变主参数的活动。

注 7-1：主要受力结构件：是指主梁、主副吊臂、主支撑腿、起重臂、标准节。其中，机械式停车设备的主梁指横（纵）梁，主支撑腿指立柱。主要机构：是指起升机构、变幅机构。主参数：是指额定起重量、额定起重力矩、层数或生产率。

四、主要安全保护装置

1. 起升高度限位

起重机起升机构工作时，为了防止吊具超过设计规定的起升高度（下降深度）发生过卷扬事故，故采用高度限位器来保证安全。

图 7-5　电动葫芦起升高度限位（断火限位）

根据国家市场监督管理总局办公厅《关于开展起重机械隐患排查治理工作的通知》（市监特设发〔2021〕16 号）要求：

（1）新出厂桥式、门式起重机。自 2021 年 5 月 1 日起，起重机械生产单位对新出厂的桥式、门式起重机，应当同时安装两种不同形式的高度限位装置（简称“双限位”装置），如重锤式、断火式、压板式高度限位器等任意两种。

图 7-6　压板式限位

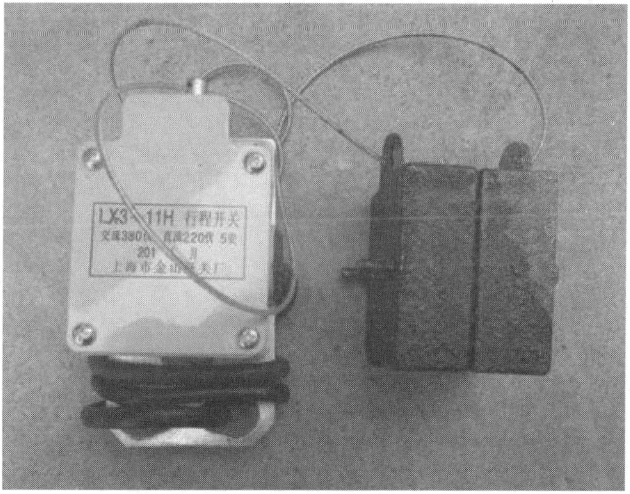

图 7-7　重锤式限位

（2）在用桥式、门式起重机。2022 年 3 月 31 日前，起重机械使用单位应当对在用桥式、门式起重机加装一套不同于原配置形式的高度限位装置，确保该设备满足“双限位”装置的要求。

（3）例外情况。对于已经安装了传动式高度限位装置（如齿轮、蜗轮蜗杆传动式高度限位器等）的新出厂或在用桥式、门式起重机，不再要求设置“双限位”装置。

图 7-8　传动式限位

2. 起重量限制器

在起重机作业过程中，超载是造成起重机事故的主要原因之一。为了预防这些情况的发生，起重机都应设置超载保护装置，把吊运载荷控制在额定载重量以下，以确保起重机作业安全。

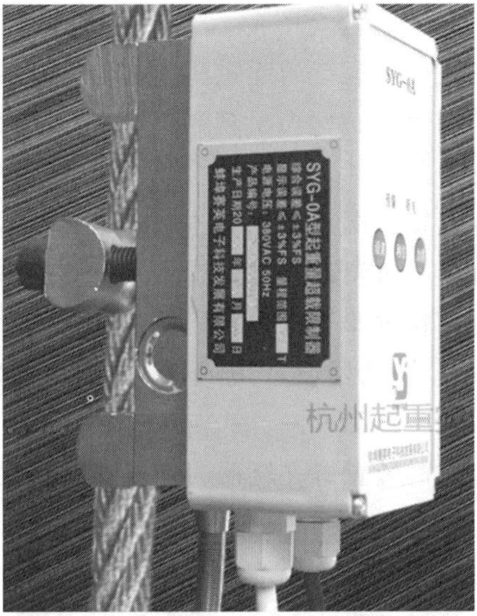

图 7-9 电动葫芦用钢丝绳张力式起重量限制器

图 7-10 轴承座式起重量限制器

3. 抗风防滑装置

露天工作在轨道上运行的起重机，当起重机横截面受到风力超过行走机构的制停力时，会出现制停失控，产生滑行，随着风力的增加或者滑行的惯性，起重机会快速地在轨道上滑移，当起重机以较快的速度接近端部止挡装置时，会产生剧烈的撞击，可能撞毁止挡装置，越过轨道端部，造成脱轨，严重时还会导致整机倾翻。为了防止这种非正常滑行，预防倾翻事故，故露天工作在轨道上运行的起重机须设置抗风防滑装置，起到抗风防滑的作用。

常见的抗风防滑装置有夹轨器、锚定装置和铁鞋等。

图 7-11　夹轨器

图 7-12　插销式锚定装置

4. 缓冲器

缓冲器是起重机运行终端的一种保护装置，它是通过自身的形变，将碰撞动能迅速转化为弹性势能进行吸收，从而减轻碰撞的冲击力，避免起重机及厂房被破坏。

图 7-13　弹簧式缓冲器

图 7-14　聚氨酯缓冲器

5. 防脱钩装置

吊钩防脱钩装置，又称吊钩保险、吊钩舌片，虽然只是一个小配件，但对作业安全至关重要。拨开后应能自动回位，可以起到防止索具或钢丝绳从吊钩上滑脱的作用。

图 7-15　吊钩防脱钩装置

五、操作规程及注意事项

起重作业要严格遵守“一查”“二看”“三稳”“四勤”“六响铃”“八不准”“十不吊”的规定。

1. 一查

做好班前检查。

2. 二看

观察起重机周围情况、观察吊物周围情况。

3. 三稳

行车稳、停车稳、起落稳。

4. 四勤

勤检查、勤保养、勤调整、勤清扫。

5. 六响铃

①起重机启动后即将开动前；②靠近同层其他起重机时；③在起吊下降吊物时；④吊物在吊运中接近地面工作人员时；⑤起重机在吊运通道上方吊物运行时；⑥起重机在吊运过程中设备发生故障时。

6. 八不准

①不准无证操作；②不准做与本职无关的工作；③不准同时操作三个控制器；④不准越人吊运；⑤不准吊物长时间悬空；⑥不准起重机带病运行；⑦正常情况下不准打反车；⑧不准脱离工作岗位。

7. 起重操作的“十不吊”

①超载或物体重量不清时不吊；②指挥信号不明确或违章指挥不吊；③工件或吊物捆绑、吊挂不牢或不平衡可能引起滑动时不吊；④安全装置不齐全或动作不灵敏、失效，钢丝绳损伤达到

报废标准时不吊；⑤吊物上站人或吊物上有浮置物时不吊；⑥歪拉斜拽不吊；⑦带棱角快口物件未垫好不吊（防止钢丝绳磨损或割断）；⑧埋在地下的物件不拔吊；⑨光线晦暗、视线不清不吊；⑩六级以上强风不吊。

六、事故隐患与风险点及预防措施

1. 设备方面

表 7-2　起重机械常见事故隐患与主要风险点（设备方面）

序号	常见事故隐患与主要风险点	预防措施
1	起重机械由无资质单位制造、安装，不符合安全技术规范要求	从正规渠道采购，查阅制造单位生产资质，选用市场占有率高的品牌
2	起重机械未经特种设备检验机构检验或检验不合格	办理施工告知后，根据设备类别，纳入监督检验的由施工单位向检验机构申请监督检验，纳入首次检验的由产权单位（或使用单位、施工单位）申请首次检验
3	使用国家明令淘汰的起重机械	从正规渠道采购，向专业机构了解咨询确认
4	使用已经报废的起重机械	从正规渠道采购，向专业机构了解咨询确认
5	起重机械存在必须停用修理的超标缺陷，或者故障未排除，带病运行	按照安全技术规范、使用说明书要求进行维护保养和自检，加强日常检查和隐患排查，对故障设备标注明显标志

续表

序号	常见事故隐患与主要风险点	预防措施
6	起重机械存在严重事故隐患无改造、修理价值，或者达到安全技术规范规定的其他报废条件，未依法履行报废义务，并办理使用登记证书注销手续	达到报废条件，应进行物理拆解或去功能化，并携带使用登记证、填写《特种设备停用报废注销登记表》（一式两份）及时向设备登记机关办理相关手续
7	擅自对起重机械进行违规维修	选用具有修理资质的单位进行修理
8	起重机械主要部件不符合安全技术规范，包括安全附件、安全保护装置等缺少、失效或失灵；如：主梁波浪变形、吊钩磨损、起升机构制动器失效等	进行自检，加强日常检查和隐患排查，及时更换失效部件与保护装置

设备方面常见事故隐患与主要风险点图例：

图 7-16　主梁波浪变形

图 7-17　吊钩开口度超标和防脱钩装置缺失

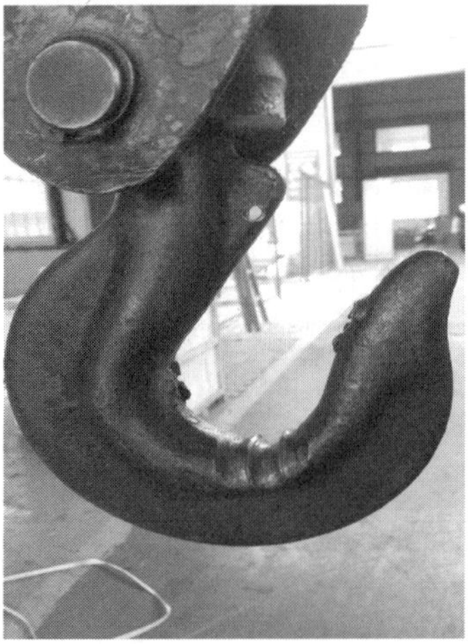

图 7-18　吊钩磨损超标和防脱钩装置缺失

图 7-19　起升制动器制动片磨损

图 7-20 国家明令淘汰产品 A571 单梁起重机械

2. 人员方面

表 7-3 起重机械常见事故隐患与主要风险点（人员方面）

序号	常见事故隐患与主要风险点	预防措施
1	起重机械作业人员未取得相应项目的特种设备作业人员证书，无证上岗	采用驾操控制的须取得特种设备安全监督管理部门（市场监督管理局）颁发的“特种设备作业人员与安全管理人员”证书，且持证项目应与所操作起重机械类别相同；“特种设备作业人员与安全管理人员”证书其聘用记录应填写完整并加盖公章
2	未对起重机械运行及日常维护保养情况进行记录	按照安全技术规范、使用说明书、使用单位管理要求进行维护保养，并作出记录，存入安全技术档案
3	未对起重机械的主要受力结构件、安全附件、安全保护装置、运行机构、控制系统等进行日常维护保养	按照安全技术规范、使用说明书要求进行维护保养，并且应填写保养记录，并存入安全技术档案

续表

序号	常见事故隐患与主要风险点	预防措施
4	起重机械作业人员违反操作规程、违章指挥、违章作业	加强作业人员安全培训教育，督促作业人员严格按照操作规程作业，加大现场巡查、检查、违章纠正、适当处罚力度
5	未进行安全教育培训，安全责任意识不强	做好本单位作业人员安全培训教育并做好培训记录，存入安全技术档案，参加特种设备监管部门组织的安全培训

人员方面常见事故隐患与主要风险点图例：

图 7-21　违规借用起重机作业

图 7-22　违反操作规程作业（吊物从人员上方通过）

3. 管理方面

表 7-4　起重机械常见事故隐患与主要风险点（管理方面）

序号	常见事故隐患与主要风险点	预防措施
1	起重机械出现故障或者发生异常情况，未对其进行全面检查、消除事故隐患继续使用	按要求进行隐患排查与自行检查，提高管理者与作业人员责任感，落实安全管理制度，对故障车辆进行显著标识，防止带故障运行
2	起重机械被责令整改而未予整改	自觉接受特种设备监督管理部门监察，按要求进行整改并在规定时限内回复整改情况

续表

序号	常见事故隐患与主要风险点	预防措施
3	起重机械发生事故不予报告而继续使用	发生事故应立即停止使用，开展救援工作，并在规定时限内向监管部门及时报告，保护现场，配合调查
4	起重机械未按照规定办理使用登记	起重机械在投入使用前或者投入使用后30日内，使用单位应当向设备所在地特种设备安全监督管理部门申请办理使用登记
5	未建立起重机械安全技术档案或者安全技术档案不符合要求	应当逐台建立起重机械安全技术档案，档案内容应不少于TSG 08—2017《特种设备使用管理规则》相关要求
6	起重机械使用单位未建立安全管理体系，未落实管理机构和责任人员，未按规定设置安全管理机构，配备专职或兼职的安全管理人员	建立健全安全管理规章制度，并有效实施，做到有章可循，有法可依，同时必须使这些制度得到有效的实施；按照TSG 08—2017《特种设备使用管理规则》及《特种设备使用单位落实使用安全主体责任监督管理规定》（国家市场监督管理总局第74号令）要求配备相应人员

续表

序号	常见事故隐患与主要风险点	预防措施
7	未建立岗位责任、隐患治理等管理制度和操作规程，未组织操作安全培训教育；未制定起重机械应急预案，并定期开展应急救援演练	按照规定制定特种设备安全管理制度、岗位责任制度、作业人员管理等制度；制定详细的安全操作规程，并督促落实；按照规定和设备类型制定起重机械应急专项预案，并定期进行演练，且做出记录，存入安全技术档案
8	起重机械上或使用地点明显位置未依法设置特种设备使用标志	在起重机械明显位置处设置《特种设备使用标志》，可设置在吊钩滑轮处、电源箱处、司机室等适当位置
9	起重机械未进行经常性维护保养和定期自行检查，或者未对起重机械的安全保护装置等进行定期检修并作出记录	制定定期维护保养制度和自行检查制度，指定专人落实
10	未按照安全技术规范要求及时申报并接受检验	在用起重机械在检验有效期届满前1个月申报检验

管理方面常见事故隐患与主要风险点图例：

图 7-23　起重机械未进行经常性维护保养和定期自行检查

第八章　场（厂）内专用机动车辆

一、场（厂）内专用机动车辆定义

1. 定义与范围

根据《特种设备目录》，纳入特种设备管理的场（厂）内专用机动车辆为：机动工业车辆中的叉车类和非公路用旅游观光车辆。其定义和代码见下表：

表 8-1　场（厂）内专用机动车辆

代码	种　类	类　别	品　种
5000	场（厂）内专用机动车辆	场（厂）内专用机动车辆，是指除道路交通、农用车辆以外仅在工厂厂区、旅游景区、游乐场所等特定区域使用的专用机动车辆	
5100		机动工业车辆	
5110			叉车
5200		非公路用旅游观光车辆	

叉车：指可由司机直接操纵（含遥控），通过门架和货叉将载荷起升到一定高度进行作业的自行式车辆，包括平衡重式叉车、前移式叉车、侧面式叉车、插腿式叉车、托盘堆垛车和三向

堆垛车。

非公路用旅游观光车（以下简称观光车辆）：指具有 4 个以上车轮、非轨道无架线、座位数（含司机座位）不小于 6 且用于旅游观光运营服务的自行式乘用车辆，包括观光车和观光列车。

根据 TSG 81—2022《场（厂）内专用机动车辆安全技术规程》，叉车与非公路用旅游观光车辆符合以下定义，并在“三区”范围内使用的纳入特种设备管理。

工厂厂区：指有明确管理边界，从事加工、组装等的制造厂厂区，港口（码头），铁路货场和物流园区。

旅游景区：指有明确管理边界，纳入风景游览区、公园、动物园、植物园范畴管理的区域。

游乐场所：指有明确管理边界，纳入游乐场、主题乐园范畴管理的区域。

2. 品种与分类

（1）机动工业车辆——叉车。

①平衡重式叉车。

具有承载货物（带托盘或不带托盘）的货叉，载荷相对于前轮呈悬臂状态，并且依靠车辆的质量来进行平衡的堆垛用起升车辆，有内燃平衡重式叉车和蓄电池平衡重式叉车。

图 8-1　平衡重式叉车

②前移式叉车。

带有外伸支腿，通过移动可伸缩的门架或货叉架进行载荷搬运的堆垛用起升车辆。

图 8-2　前移式叉车

③插腿式叉车。

带有外伸支腿，货叉位于两支腿之间，载荷质心始终位于稳定多边形内的堆垛用起升车辆。

图 8-3　插腿式叉车

④托盘堆垛车。

亦称电动堆高车，带有外伸支腿，货叉位于支腿正上方的堆垛用起升车辆。

图 8-4　托盘堆垛车

⑤侧面式叉车。

门架或货叉架位于两车轴之间，可在垂直于车辆的运行方向横向伸缩，在车辆的一侧以平衡重式的方式进行装载、起升、堆垛或拆垛作业的起升车辆。

图 8-5　侧面式叉车

⑥三向堆垛车。

可在车辆的前端及两侧进行堆垛或取货的高起升堆垛车辆。

图 8-6　低位三向堆垛车

图 8-7　高位三向堆垛车

（2）非公路用旅游观光车。

非公路用旅游观光车分为观光车和观光列车。

根据 TSG 81—2022《场（厂）内专用机动车辆安全技术规程》，观光车辆应当采用非封闭的车身结构，还应当满足以下技术参数的特殊要求：

①观光车的额定载客人数（含司机）不大于 23；

②观光列车的额定载客人数（含司机和安全员）不大于 72，并且牵引车头座位数不大于 2，车厢总节数不大于 3，每节车厢座位数不大于 35；

③观光车辆的轮距不小于 1.15 m；

④观光列车的牵引车头及每节车厢车轮数均大于 4；

图 8-8　观光车

图 8-9　观光列车

二、基本结构

1. 叉车典型结构

平衡重式叉车是叉车系统中最为常见、应用最为广泛的车型，其结构主要由动力装置、底盘系统、液压系统、工作装置和电气系统五大部分组成。其工作原理为：平衡重式叉车是以前轮为支点，用平衡重和自重来平衡货叉上的装载物重量，使叉车保持整体稳定。

图 8-10　平衡重式叉车原理示意图

平衡重式叉车整体结构，如图 8-11 所示。

1—货叉　2—货叉架　3—挡货架　4—倾斜油缸　5—内门架　6—仪表盘
7—起升链条　8—链轮　9—外门架　10—起升油缸　11—操纵杆
12—转向盘　13—转向灯　14—前照灯　15—后视镜　16—驻车制动
17—驾驶座椅　18—护顶架　19—平衡重　20—后轮
21—制造厂标志　22—额定起重量标识　23—前轮

图 8-11　平衡重式叉车实物结构图

2．观光车典型结构

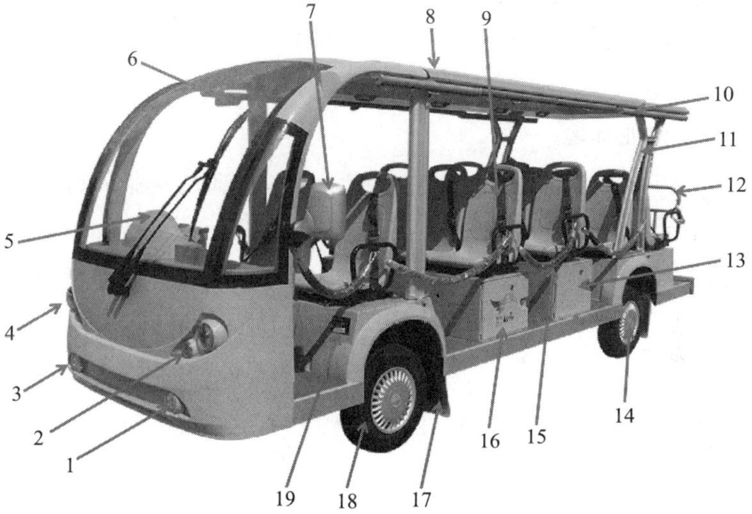

1、3—雾灯　2—转向灯　4—前照灯　5—刮水器　6—中间后视镜　7—后视镜
8—顶棚　9—安全带　10—挡雨帘　11—金属骨架　12—后方保护围栏
13—蓄电池　14—后轮　15—防护链　16—厂家标志
17—挡泥板　18—前轮　19—铭牌

图 8-12　观光车实物结构图

三、管理要求

1．选型采购

应该根据使用的实际需要，选择合适参数的场（厂）内专用机动车辆。

叉车选型前，应该统计和估算场（厂）内实际运载货物的最大质量、所需提升高度、货物形状、宽度、体积等因素，所选择的叉车的额定载重量、载荷中心距、提升高度、轮距、轴距等参数应与实际使用需求相符。

观光车和观光列车选型前，应该统计和估算场内所需运送乘客的流量大小和流量特点，所选择的观光车和观光列车的额定载客人数、最大运行速度、持续使用时间、充电时间等应能满足实际使用的需求。

2. 作业环境

应充分考虑使用场地的符合性，设备应满足企业内道路、通道口等宽度、高度的要求。特别是坡度要求，对于具有爆炸性气体或粉尘的环境下，应该选用符合相应防爆等级要求的型号，对空气质量有要求的使用场合应选择无有害气体排放的蓄电池车辆。

3. 检验要求

（1）首次检验。

新购车辆应在投入使用前，向产权所在地检验机构申请首次检验。

一般程序为：一是持车辆技术资料和营业执照至辖区特种设备监督管理部门（市场监督管理部门）或政务中心进行数据录入（俗称上户）；二是向检验机构申请首次检验；三是至特种设备监督管理部门（市场监督管理部门）或政务中心办理使用登记证和车牌。

申请首次检验应提交如下资料复印件并加盖公章：产品合格证（含技术参数表）、出厂检验报告。提供营业执照、特种设备生产许可证、整机型式试验证书、自行检验记录或报告、特种设备作业人员证件等资料现场备查。

（2）定期检验。

在检验合格有效期届满的1个月以前，向检验机构申请定期检验。

一般程序为：一是对车辆进行全面检查，并出具经本单位安全管理人员签署意见的自行检查记录或者报告；二是提供如下资料备查：使用登记证、上一周期检验报告、技术档案、维护保养资料、使用记录、特种设备作业人员证件及聘用记录等；三是现场检验时安全管理人员和相关人员到场配合。

（3）检验周期。

在用叉车的定期检验每 2 年 1 次；在用非公路用旅游观光车辆的定期检验每年 1 次。

4. 技术档案

使用单位应当逐台建立特种设备技术档案，至少应包括以下内容：

①设备随机资料（产品质量合格证、技术参数表、使用维护说明书、主要受力构件材质证明书、出厂检验报告、制造单位生产许可证、型式试验合格证等）；

②《特种设备使用登记证》《特种设备使用登记表》；

③首次检验报告、定期检验报告；

④场（厂）内专用机动车辆自行检查记录或报告、维护保养记录、日常使用状况或巡检记录、异常情况、故障修理和事故记录、隐患排查记录等；

⑤特种设备台账（一般 3 台以上应建立）；

⑥行驶路线图（适用于观光车辆）；

⑦特种设备作业人员证件及聘用记录；

⑧应急预案；

⑨安全操作规程；

⑩其他必要存档资料。

5. 动态管理

（1）停用：场（厂）内专用机动车辆拟停用 1 年以上的，使用单位应当采取有效保护措施，并且设置停用标志，在停用后 30

日内填写《特种设备停用报废注销登记表》（一式两份）告知登记机关。重新启用时，使用单位应当进行自行检查，到使用登记机关办理启用手续；超过定期检验有效期的，应当申请定期检验。

（2）注销：场（厂）内专用机动车辆迁出本行政区域，应当及时填写《特种设备停用报废注销登记表》，并至登记机关办理注销手续，取得注销证明。

（3）报废：场（厂）内专用机动车辆存在严重事故隐患，无改造、修理价值的，或者达到相关标准规定报废条件的，使用单位应当依法履行报废义务，采取必要措施消除该场（厂）内专用机动车辆的使用功能，并且到登记机关注销使用登记。

（4）改造：改变原叉车的动力方式、传动方式、车架结构、驾驶方式，观光车辆的动力方式、传动方式，或者改变场（厂）内专用机动车辆原主参数或者载荷曲线的，应当向特种设备监督管理部门办理改造告知，并向检验机构申请首次检验。

四、主要安全保护装置

1. 挡货架

挡货架一般安装于货叉架上部，挡货架是叉车的重要安全部件，它的作用是防止货物在货叉上堆码过高，而门架后倾的情况下，起到防止货物向后翻倒而伤害驾驶员和损害货物。

图 8-13　叉车挡货架

2. 护顶架

对于起升高度起过 1.8 m 的叉车，应设置护顶架，其作用是保护司机处于正常驾驶位置时的安全，避免装载物或高处坠落的物体造成伤害。但护顶架并非防止重量等于车辆额定起重量落体的冲击而设计，因此护顶架对过大的下落载荷不能完全起到保护。

图 8-14　叉车护顶架

3. 安全带

对于座驾式车辆的驾驶员位置上应当配备安全带等防护约束装置，防止驾驶员从驾驶位置因车辆运行时坠落。

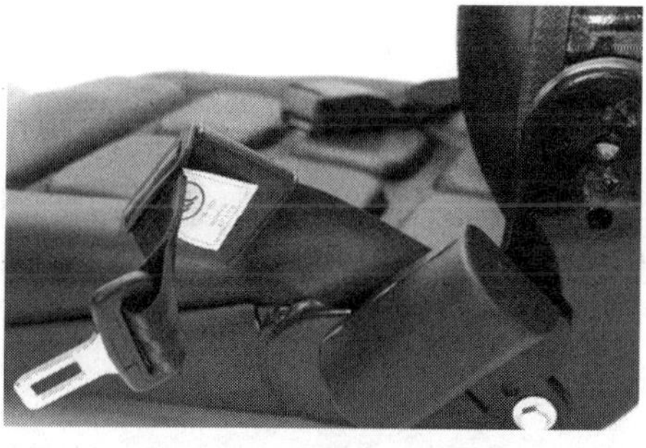

图 8-15　叉车安全带

4. 起升限位

叉车起升机构应当设置防止越程装置和限位器，避免货叉架和门架上的运动部件从门架上端意外脱落，造成坠落和伤害事故。叉车起升行程限位一般采用机械式限位，通常采用钢铁挡块，焊接于门架上端，与货叉架相适合的位置。

图 8-16　叉车起升限位

5. 区域警示灯

为了预防和减少叉车作业时的事故，目前很多制造厂家设计和安装了叉车作业区域警示灯，当叉车运行或作业时，区域警示灯会在前方或后方照射出叉车作业安全警示框，用以提醒和警示其他人员保护安全间隔。

图 8-17　叉车区域警示灯

6. 反向开关

反向开关，也称紧急反向开关，主要应用于站驾式或步行式操作的托盘堆垛车、前移式叉车等，一般安装于操作手柄顶端，当按压此开关时，车辆将立即向前行驶，是防止叉车后退时，操作者被挤压在手柄和障碍物之间，造成挤压受伤危险。

图 8-18　紧急反向开关

7. 紧急断电装置

蓄电池叉车应设有紧急断电装置，结构形式为非自动复位，当遇到紧急情况时能切断总电源，主要有两种形式。一种是采用非自动复位、机械式操作的红色急停开关，俗称蘑菇头开关。设置于驾驶员随手可及、方便操作的操作台上或驾驶员右边车体上，当按下急停开关后，迅速切断叉车总电源，按下后不能自动复位，必须经手动操作方可恢复。

图 8-19　急停开关形状实物图

另一种形式是采用蓄电池连接器作为紧急切断装置。蓄电池连接器在插接端口侧设有一个环形手柄，手柄与电缆插接端连为一整体，当遇到紧急情况时，只要提起手柄，就可把连接电缆与蓄电池组断开，相当于把连接插头拔下，物理切除连接，达到紧急断电的目的。一般设置于驾驶座蓄电池盖下右侧，以方便驾驶员操作。

图 8-20　紧急断电装置实物图

五、操作规程及注意事项

1. 操作规程

场（厂）内专用机动车辆使用单位应当制定安全操作规程，且至少应包括以下内容：

①出车前进行试运行检查，并且做好记录；

②遵守作业场所的限速规定，严禁超速行驶；

③叉车不得载客运行；

④行驶和作业时配戴安全带（如有）；

⑤车辆转弯、进出库门等须减速行驶；

⑥严禁在货叉上站人或者利用货叉起升载有人员的装置；

⑦司机视线不良或者受阻时，低速行驶或者在专人指挥下低速行驶；

⑧严禁超载；

⑨身体过度疲劳、饮酒后或者患病时，严禁操作车辆。

2. 注意事项

①驾驶人员必须经过专门培训，并经有关部门考核合格后，持证上岗；

②驾驶员应配戴好劳保防护用品，如安全帽、工作服、工作鞋、护目镜等；

③驾驶员应熟悉并掌握叉车结构、性能、技术参数及安全要求；

④装载货物时，应保持货物中心与车体中心在一条线上，严禁偏载；装载时要掌握好货物的重心位置，对于稳固情况不好和重心位置高的货物，要用钢丝绳捆好，防止货物坠落和倾倒；

⑤额定载荷中心距内，严禁超载；货物重心位于非额定载荷中心距外，应按载荷曲线图确定起重量；

⑥门架前倾时，严禁提升货物；叉车运行时，门架必须后倾；叉车运行时，货叉离地应在300～400 mm，严禁边提升货物边行驶；

⑦蓄电池车辆换向时，应在停稳后，方可反向起动，否则，由于冲击过大，容易损坏传动零部件并加大起动电流，增加蓄电池负担，缩短使用寿命；

⑧停车或驾驶员离开时应熄火，并且停好停稳，拉紧驻车制动，将钥匙随身带走；如需坡道停车时，应拉紧驻车制动，并采取防滑措施或挂上低速挡位；

⑨场（厂）内专用机动车辆只允许在场（厂）区内行驶，不准开出厂外或开上交通公路；

⑩驾驶员工作时间不得擅自离开岗位；不得交给无证人员驾驶；

⑪使用标志应张贴于车体明显位置，关注下次检验日期，并提醒单位及时报检。

六、事故隐患与风险点及预防措施

1. 设备方面

表8-2 场（厂）内专用机动车辆常见事故隐患与主要风险点（设备方面）

序号	常见事故隐患与主要风险点	预防措施
1	采购场（厂）内专用机动车辆由无资质单位制造，不符合安全技术规范要求	从正规渠道采购，查阅制造单位生产资质，选用市场占有率高的品牌
2	场（厂）内专用机动车辆未经特种设备检验机构检验或检验不合格	新购场（厂）内专用机动车辆在投入使用前申报检验，在用场（厂）内专用机动车辆在有效期届满前1个月申报检验

续表

序号	常见事故隐患与主要风险点	预防措施
3	场（厂）内专用机动车辆是国家明令淘汰车辆	从正规渠道采购，向专业机构了解咨询确认
4	场（厂）内专用机动车辆是已经报废车辆	从正规渠道采购，向专业机构了解咨询确认
5	场（厂）内专用机动车辆存在必须停用修理的超标缺陷，或者故障未排除，带病运行	按照安全技术规范、使用说明书要求进行自检，加强日常检查和隐患排查
6	场（厂）内专用机动车辆存在严重事故隐患无改造、修理价值，或者达到安全技术规范规定的其他报废条件，未依法履行报废义务，并办理使用登记证书注销手续	达到报废条件，携带使用登记证、填写《特种设备停用报废注销登记表》（一式两份）及时向设备登记机关办理相关手续
7	擅自对场（厂）内专用机动车辆进行违规维修	选用具有修理资质的单位进行修理
8	场（厂）内专用机动车辆主要部件不符合安全技术规范，包括安全附件、安全保护装置等缺少、失效或失灵。如：轮胎磨损、制动失效等	进行自检，加强日常检查和隐患排查，及时更换失效部件与保护装置

设备方面常见事故隐患与主要风险点图例：

图 8-21　挡货架连接处断裂

图 8-22　轮胎磨损超标且破损

图 8-23　驻车制动失效

图 8-24　转向轴承磨损松旷

2. 人员方面

表 8-3　场（厂）内专用机动车辆常见事故隐患与主要风险点（人员方面）

序号	常见事故隐患与主要风险点	预防措施
1	作业人员未取得相应设备的证书，无证上岗	纳入特种设备管理的场车，须取得特种设备安全监督管理部门（市场监督管理局）颁发的“特种设备作业人员与安全管理人员”证书，且持证项目应与所操作车辆类别相同；“特种设备作业人员与安全管理人员”证书其聘用记录应填写完整并加盖公章
2	场（厂）内专用机动车辆每日投入使用前，未对车辆进行例行检查	按照安全技术规范、使用说明书、使用单位管理要求进行例行检查
3	未对场（厂）内专用机动车辆运行及日常维护保养情况进行记录	按照安全技术规范、使用说明书要求进行维护保养，并且应填写保养记录，并存入安全技术档案
4	作业人员违反操作规程、违章指挥、违章作业	加强作业人员安全培训教育，督促作业人员严格按照操作规程作业，加大现场巡查、检查、违章纠正、适当处罚力度
5	未进行安全教育培训，安全责任意识不强	做好本单位作业人员安全培训教育并做好培训记录，存入安全技术档案，参加特种设备监管部门组织的安全培训

人员方面常见事故隐患与主要风险点图例：

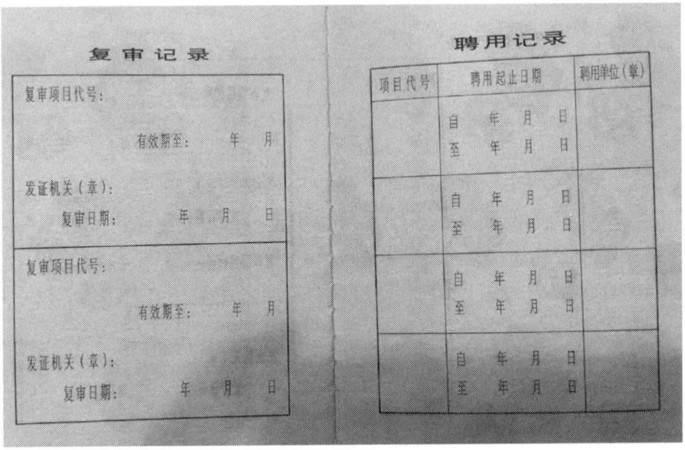

复审记录

复审项目代号：

有效期至： 年 月

发证机关（章）：

复审日期： 年 月 日

复审项目代号：

有效期至： 年 月

发证机关（章）：

复审日期： 年 月 日

聘用记录

项目代号	聘用起止日期	聘用单位（章）
	自 年 月 日 至 年 月 日	
	自 年 月 日 至 年 月 日	
	自 年 月 日 至 年 月 日	
	自 年 月 日 至 年 月 日	

图 8-25 作业人员证无聘用记录

图 8-26 违反规定上路行驶

3. 管理方面

表 8-4　场（厂）内专用机动车辆常见事故隐患与主要风险点（管理方面）

序号	常见事故隐患与主要风险点	预防措施
1	场（厂）内专用机动车辆出现故障或者发生异常情况，未对其进行全面检查、消除事故隐患继续使用	按要求进行隐患排查与自行检查，提高管理者与作业人员责任感，落实安全管理制度，对故障车辆进行显著标识，防止带故障运行
2	场（厂）内专用机动车辆被责令整改而未予整改	自觉接受特种设备监督管理部门监察，按要求进行整改并在规定时限内回复整改情况
3	场（厂）内专用机动车辆发生事故不予报告而继续使用	发生事故立即停止使用，开展救援工作，并在规定时限内向监管部门及时报告，保护现场，配合调查
4	场（厂）内专用机动车辆未按照规定办理使用登记和未上牌照	场（厂）内专用机动车辆在投入使用前或者投入使用后 30 日内，使用单位应当向场（厂）内专用机动车辆所在地特种设备安全监督管理部门申请办理使用登记和办理牌照
5	未建立场（厂）内专用机动车辆安全技术档案或者安全技术档案不符合要求	应当逐台建立场（厂）内专用机动车辆安全技术档案，档案内容应不少于 TSG 08—2017《特种设备使用管理规则》相关要求

续表

序号	常见事故隐患与主要风险点	预防措施
6	场（厂）内专用机动车辆使用单位未建立安全管理体系，未落实管理机构和责任人员，未按规定设置安全管理机构，配备专职或兼职的安全管理人员	建立健全安全管理规章制度，并有效实施，做到有章可循，有法可依，同时必须使这些制度得到有效的实施；按照 TSG 08—2017《特种设备使用管理规则》及《特种设备使用单位落实使用安全主体责任监督管理规定》（国家市场监督管理总局第 74 号令）要求配备相应人员
7	未建立岗位责任、隐患治理等管理制度和操作规程，未组织操作安全培训教育；未制定场（厂）内专用机动车辆应急预案，并定期开展应急救援演练	按照规定制定特种设备安全管理制度、岗位责任制度、作业人员管理等制度；制定详细的安全操作规程，并督促落实；按照规定和设备类型制定场（厂）内专用机动车辆应急专项预案，并定期进行演练，且做出记录
8	场（厂）内专用机动车辆上未依法设置特种设备使用标志	在场（厂）内专用机动车辆明显位置处设置《特种设备使用标志》
9	场（厂）内专用机动车辆未进行经常性维护保养和定期自行检查，或者未对场（厂）内专用机动车辆的安全保护装置等进行定期检修并作出记录	制定定期维护保养制度和自行检查制度，指定专人落实
10	未按照安全技术规范要求及时申报并接受检验	新购场（厂）内专用机动车辆在投入使用前申报检验，在用场（厂）内专用机动车辆在有效期届满前 1 个月申报检验

管理方面常见事故隐患与主要风险点图例：

图 8-27　未进行维护保养、未对安全保护装置定期检修

图 8-28　未设置特种设备使用标志、未悬挂车牌

第九章　大型游乐设施

一、大型游乐设施的定义

大型游乐设施是指用于经营目的、承载乘客游乐的设施，其范围规定为设计最大运行线速度大于或等于 2 m/s，或者运行高度距地面高于或者等于 2 m 的载人大型游乐设施。用于体育活动、文艺演出和非经营活动的大型游乐设施除外。根据现行的特种设备目录，可以分为如下类别：

表 9-1　大型游乐设施

代码	种类	类别	品种
6000	大型游乐设施	用于体育运动、文艺演出和非经营活动的大型游乐设施除外	
6100		观览车类	
6200		滑行车类	
6300		架空游览车类	
6400		陀螺类	
6500		飞行塔类	

续表

代码	种类	类别	品种
6600		转马类	
6700		自控飞机类	
6800		赛车类	
6900		小火车类	
6A00		碰碰车类	
6B00		滑道类	
6D00		水上游乐设施	
6D10			峡谷漂流系列
6D20			水滑梯系列
6D40			碰碰船系列
6E00		无动力游乐设施	
6E10			蹦极系列
6E40			滑索系列
6E50			空中飞人系列
6E60			系留式观光气球系列

二、主要组成部分

游乐设施虽然结构和运动方式各异，规格大小不一，外观各式各样，但是常见的游乐设施具体由以下部分组成：

1. 基础部分

地基、支脚、地脚等组成。

2. 支撑部分

支柱、梁等组成。

3. 驱动部分

电力、内燃机、人力等组成。

4. 传动部分

机械传动、液压传动、气动传动等组成。

5. 运行部分

座舱、轮系、转臂等组成。

6. 操作部分

操作室、操作台、操作手柄等组成。

7. 控制部分

控制系统、控制程序、控制元件等组成。

8. 装饰部分

外观装饰、灯饰等组成。

9. 转台部分

乘客站台、乘客阶梯等组成。

10. 隔离部分

安全栅栏、过度栅栏等组成。

三、管理与日常检查要求

大型游乐设施使用单位，应当配备专职安全管理员，并且取得游乐设施的特种设备安全管理人员资格证书，使用 10 台以上（含 10 台）大型游乐设施的使用单位，需设置特种设备安全管理机构，并逐台落实安全责任人。大型游乐设施使用单位应当建立并严格执行游乐设施的年检、月检、日检制度，严禁带故障运行。大型游乐设施在每日投入使用前，其运营使用单位应当按照有关安全技术规范和产品使用维护保养说明的要求，开展设备运营前的试运行检查和例行安全检查，对安全保护装置进行检查确认，并且作出记录。大型游乐设施的运营使用单位应当将安全使用说明、安全注意事项和安全警示标志置于易于引起乘客注意的位置。大型游乐设施使用单位，应当制定特种设备事故应急专项预案，每年至少演练一次，并且作出记录。

四、游乐设施运营注意事项

1. 严守岗位不得擅离职守，设备投入运营前必须进行试运行和相应的安全检查；

2. 每天运营前必须空车运行两周，确认无异常后才能投入运营；

3. 严格遵守设备搭乘有关要求搭乘游客，每次运行前，操作人员必须向乘客讲解安全注意事项，并对安全装置进行检查；

4. 启动设备前护栏内不能有游客，进出口门必须关闭；

5. 搭乘游客不能偏载过大，须均匀乘坐；

6. 设备开始运行前，应从检查起始点逐一检查游客的安全束缚装置，确认乘客完全坐好系上安全束缚装置，站台内无人走动并确认路轨无阻碍物时，工作人员方能示意操作人员开启设备；设备结束运行时，待设备完全停稳后协助游客解开安全束缚装置，引导游客有序离开设备；

7. 在启动设备前必须按两次或两次以上预备铃提醒游客和工作人员，再同时按下电铃和设备运行按钮启动设备；

8. 设备运行时，操作人员不得离开操作台；设备运行中密切注意场内状况，当发现有人站立或其他特殊情况时应立即制止，并按下急停按钮，停止设备运营；

9. 设备有异常响声或不正常晃动必须停止运营；

10. 地震、火灾、雷雨天气等自然灾害发生时设备必须停止运营；

11. 运行过程中在不危及游客的安全情况下尽量不要按急停按钮，若按下急停按钮后应按正常程序重新启动设备；

12. 突发紧急情况需及时通知设备长/运营专员进行处理；及时通知工程维修人员进行维护修理，在运行日志上做好记录，并做好交接工作；

13. 不能随便乱动控制室内/设备控制台内电路板，如发生故障，应通知专业人员排除；

14. 操作人员下班离开时，因按设备开关机流程正确关闭设备（游乐设备、音响系统、检票系统），切断操作间电源；

15. 控制台保持清洁，不能在控制台上放置其他物品（特别是水）。

五、主要安全保护装置

大型游乐设施的安全装置和电气保护是确保大型游乐设施安全必不可少的重要组成部分。安全装置包括乘人安全束缚装置（安全带、安全压杠和挡杆）、锁紧装置、止逆行装置（止逆装置）、制动装置、超速限制装置（限速装置）、运动限制装置（限位装置）、防碰撞及缓冲装置等；电气保护主要包括电击防护、防雷与接地、过流、过压、过载等保护。

1. 乘客安全束缚装置

当游乐设施运行时，乘客有可能在乘坐物内被移动、碰撞、会被甩出或滑出时，必须设有乘客安全束缚装置（也用作约束乘客的不当行为）。对危险性较大的大型游乐设施，必要时应考虑设两套独立的束缚装置。束缚装置可采用安全带、安全杠杆、挡杆等。对束缚装置的要求如下：

（1）束缚装置应可靠、舒适，与乘客直接接触的部件有适当的柔软性。束缚装置的设计应能防止乘客某个部位被夹伤或压伤，应容易调节，操作方便。

（2）束缚装置应可靠地固定在游乐设备的结构上。在正常工作状态下必须能承受发生的最大作用力。

（3）乘客装置的设计，其座位结构和形式，自身应具有一定的束缚功能。其支撑件尽量减少现场焊接。

（4）束缚装置的锁紧装置，在游乐设施出现功能性故障或急停刹车的情况下，仍能保持其闭锁状态，除非采取疏导乘客的紧急措施。

图 9-1　安全压杆

乘客安全束缚装置主要有护圈和锁紧装置两大部分组成。所以安全束缚装置可以按保护装置护圈和锁紧装置两种形式分类。以护圈形式分，可分压杠式和绳带式两种，压杠式又有护胸式和压腿式；以锁紧形式分，可分为缸筒类和卡销类两种。卡销类又有棘轮棘爪、卡位销和挂钩三种形式。

2. 制动装置

为了使游乐设施安全停止或减速，大部分运行速度较快的设备都采用了制动系统，游乐设施的制动包括对电动机的制动和对车辆的制动。电动机的制动有机械制动和电气制动两种方式，车辆制动的方式主要采用机械制动。

机械制动的作用是停止电动机的运行（正常或故障状态）和固定停止位置。机械制动是接触式的。机械制动器主要由制动架、摩擦元件和松闸器三部分组成。许多制动器还装有间隙的自动调整装置。

制动器按用途可分为停止式和调速式两种，停止式的功能是起停止和支持运动物体的作用；调速式的功能是除上述作用外，还可调节物体运动速度。按结构特征分为块式、带式和盘式三种。按工作状态分常开式和常闭式两种，常开式的特点是经常处于松闸状态，必须施加外力才能实现制动；常闭式的特点是经常处于合闸即制动状态，只有施加外力才能解除制动状态。而游乐设施基本都是采用常闭式的制动器，因为这种制动器可靠安全。

游乐设施机械制动装置必须平稳可靠，制动能力（力或力矩）≥1.5 倍额定负荷的扭矩（或冲力），当切断电源时，制动装置应处于制动状态（特殊的除外）；同一轨道有两辆（或两组）以上车辆运行时必须设有防止碰撞的自控停止制动和缓冲装置，制动装置的制动行程应可调节，滑行车辆的停止，严禁采用碰撞方法。

当动力电源切断后，停机过程时间较长或要求定位准确的游乐设施，应设制动装置。制动装置在闭锁状态时，应能使运动部件保持静止状态。

游乐设施在运行时若动力源断电，或制动系统控制中断，制动系统应保持闭锁状态（特殊情况除外），中断游乐设施运行。

制动装置的制动力矩（力）应≥1.5 倍额定负荷力矩（力）。手控制动器操作手柄的作用力应为 100～200 N。

游乐设施视其运动形式、速度及其结构的不同，采用不同的制动方式和制动器结构（如机械、电动、液压、气动以及手动等）。制动器构件应有足够的强度，必要时停车制动器应验算疲劳强度。制动器的制动行程应可调节。

制动器制动应平稳可靠，不应使乘人感受明显的冲击或使设备结构有明显的振动、摇晃。制动加速度绝对值一般不大于 5.0 m/s^2。必要时可增设减速制动器。

3. 止逆、连接器保险和运动限制装置

(1) 止逆装置。

沿斜坡牵引的提升系统，必须设有防止载人装置逆行的装置(特殊情况的除外，例如太空飞车形式的，提升时驱动轮驱动，车辆靠很大的动量上升)；止逆行装置逆行距离的设计应使冲击负荷最小，在最大冲击负荷时必须止逆可靠。例如，多车或单车滑行类游乐设施在提升段基本都设置了止逆装置，以供车辆在提升段由于停电或提升系统故障导致不能继续提升，或乘客在提升段有特殊情况急停时需要。因为在这些情况下若无止逆装置，车辆便会倒退，从而产生撞车伤人事故，所以滑行类游乐设施提升段设置止逆装置至关重要。一般是斜坡上要设置挡块，车下要设置止逆倒钩，或者斜坡装有止逆倒钩，运动车体上预装固定挡块。

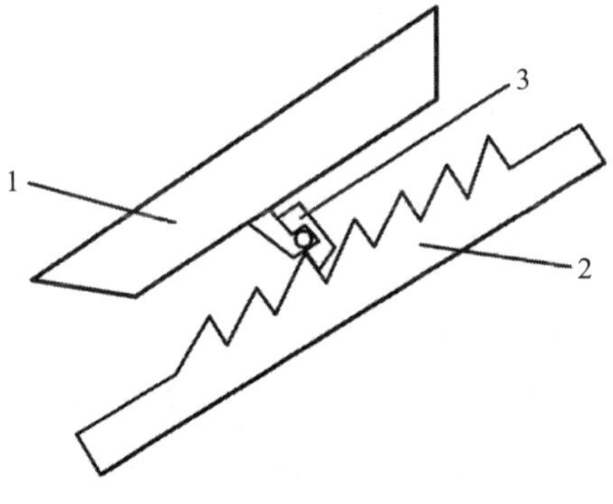

1—车辆　2—齿条　3—止逆装置

图 9-2　止逆装置示意图

（2）连接器保险。

车辆连接器是滑行车类游乐设施的重要部件，用于多辆车之间的连接，连接器是否可靠有效直接关系到游客的人身安全。为了防止车辆连接器失效引发事故，通常在车辆连接器上附加保险装置，如钢丝绳等。

（3）运动限制装置（限位装置）。

绕水平轴回转并配有平衡重的游乐设施，乘人部分在最高点有可能出现静止状态时（死点），应有防止或处理该状态的措施；油缸或气缸行程的终点，应设置限位装置。在游乐设施中，运动限制装置必须灵敏可靠，因为这关系到人身安全的问题。

通常我们所见的限位开关就属于运动限制装置，限位开关就是用以限定机械设备的运动极限位置的电气开关。限位开关有接触式的和非接触式的两种。接触式的比较直观，机械设备的运动部件上设置了行程开关，与其相对运动的固定点上安装极限位置的挡块，或者是相反安装位置。当行程开关的机械触头碰上挡块时，切断了（或改变了）控制电路，机械就停止运行或改变运行。由于机械的惯性运动，这种行程开关有一定的“超行程”以保护开关不受损坏。非接触式的形式很多，常见的有干簧管、光电式、感应式等。

4. 防碰撞和缓冲装置

同一轨道、滑道、专用车道等有两组以上（含两组）无人操作的单车或列车运行时，应设防止相互碰撞的自动控制装置和缓冲装置。当有人操作时，应设有效的缓冲装置。

（1）防碰撞装置。

防碰撞装置工作原理是：当游乐设施车辆运行到危险距离范

围时，防碰撞装置便发出警报，进而切断电源，制动器制动，使车辆经过时停止运行，避免车辆之间的相互碰撞。目前防碰撞装置主要有激光式、超声波式、红外线式和电磁波式等类型。

游乐设施中常见的激流勇进、疯狂老鼠、自旋滑车等，大部分都装有防碰撞的自动控制装置。

（2）缓冲装置。

可能碰撞的游乐设施，必须设有缓冲装置。游乐设施常见的缓冲器分为蓄能型缓冲器和耗能型缓冲器，前者主要以弹簧和聚氨酯材料等为缓冲元件，后者主要是油压缓冲器。

当游乐设施速度很低时，例如多车滑行类、弯月飞车系列、架空游览车类、青蛙跳系列、滑索等游乐设施，缓冲器可以使用实体式缓冲块或弹簧缓冲器，实体式缓冲块其材料可用橡胶、木材或其他具有适当弹性的材料制成。但使用实体式缓冲器也应有足够的强度。当游乐设施提升高度很大的时候，例如高空飞行塔等游乐设施，其对重用和座舱用缓冲器大部分用的是耗能型缓冲器，即我们通常所讲的液压缓冲器。

5. 超速限制装置（限速装置）

在游乐设施中，采用直流电机驱动或者设有速度可调系统时，必须设有防止超出最大设定速度的限速装置，限速装置必须灵敏可靠。常用的限速方式有：电压比较反馈方式、驱动输入设置方式（模块）、单向编码计数器方式（限圈）、单向运转时间继电器方式（限时）。比较可靠的是采用两种独立方式控制，常用的超速保护控制装置有测速电机、编码器等。

6. 电气保护

游乐设施电气系统是其运行的指挥控制中心，由于电气设备外部和内部产生的故障等都严重威胁着乘客的安全，所以只有采用合理和可靠的电气安全保护系统才是游乐设施的安全运行的保障。

（1）电击保护。

电击所产生的电击电流通过人体或动物躯体将产生病理性生理效应，轻者受到伤害，重者将会死亡，所以必须采取防护措施。触电分为直接接触和间接接触。直接接触和间接接触所造成的电击分别称为直接电击和间接电击。

（2）防雷与接地。

防雷包括电力系统的防雷和建筑物与其他设施的防雷。根据不同保护对象的危险程度和重要性，对于直击雷、雷电感应和雷电侵入波均应采取各自相应的防雷措施。

电气设备的任何部分与土壤之间做良好的电气连接，称为接地。接地是利用大地为电力系统正常运行、发生故障和遭受雷击等情况下提供对地电流构成回路，从而保证电力系统中各个环节（包括发电、变电、输电、配电和用电的电气设备，电气装置和人身）的安全。接地按其作用的不同，分为工作接地、保护接地、防雷接地、重复接地等。游乐设施低压配电系统的接地形式应采用 TN-S 系统或 TN-C-S 系统。

（3）其他形式的电气保护。

游乐设施中除了上述两种保护外，还有常见的过流保护、过压保护、欠压保护、缺相保护、短路保护、过载保护和必要的声光报警装置等。有了这些保护，我们的游乐设施才能充分地保证乘客和作业人员的安全。

六、主要危险源

大型游乐设施的危险源因设备的不同而异，大致有以下几种：

1. 机械危险源

机械危险源包括挤压危险（如设备之间的净距离不够）、剪切/切割/切断危险（如机械防护不足）、稳定性不够（如设备竖立不当）、缠绕危险（如游客头发过长或穿着过于宽松）、方向迷失危险（如出口处照明不足或太暗）、撞击/刺穿危险（如车辆可能发生碰撞）。

2. 电气危险源

电气危险源包括与带电部件或因故障而带电的部件接触、熔化的颗粒向外喷射、过载或短路产生的化学效应。

3. 热危险源

热危险源包括接触到热源、热源的辐射热、过热和过冷的工作环境。

4. 噪声危险源

噪声可能导致听力下降，使人失去平衡或者失去意识，也可能干扰通信。噪声危险源包括降噪不良的机器或噪声环境。

5. 振动危险源

振动危险，特别是涉及整个游乐设备的振动，可能导致一系列生理反应，如运动病。

6. 有害物质、有害材料危险源

有害物质、有害材料的危险包括接触或吸入有害油料、雾状物、气体、烟雾和灰尘；火灾或爆炸后形成的灰尘或类似污染物。

7. 人及其环境引起的危险源

人及其环境引起的危险包括人的错误姿势（如操控人员长时间待在某一个位置）或从事过于繁重的任务；引起操作失误或行为错误，有的是由于操控人员培训不足或游客没有遵守规则造成的。

附录：中华人民共和国特种设备安全法

（中华人民共和国第四号主席令，2013 年 6 月 29 日第十二届全国人大常委会第三次会议通过，自 2014 年 1 月 1 日起施行。）

第一章　总　则

第一条　为了加强特种设备安全工作，预防特种设备事故，保障人身和财产安全，促进经济社会发展，制定本法。

第二条　特种设备的生产（包括设计、制造、安装、改造、修理）、经营、使用、检验、检测和特种设备安全的监督管理，适用本法。

本法所称特种设备，是指对人身和财产安全有较大危险性的锅炉、压力容器（含气瓶）、压力管道、电梯、起重机械、客运索道、大型游乐设施、场（厂）内专用机动车辆，以及法律、行政法规规定适用本法的其他特种设备。

国家对特种设备实行目录管理。特种设备目录由国务院负责特种设备安全监督管理的部门制定，报国务院批准后执行。

第三条 特种设备安全工作应当坚持安全第一、预防为主、节能环保、综合治理的原则。

第四条 国家对特种设备的生产、经营、使用，实施分类的、全过程的安全监督管理。

第五条 国务院负责特种设备安全监督管理的部门对全国特种设备安全实施监督管理。县级以上地方各级人民政府负责特种设备安全监督管理的部门对本行政区域内特种设备安全实施监督管理。

第六条 国务院和地方各级人民政府应当加强对特种设备安全工作的领导，督促各有关部门依法履行监督管理职责。

县级以上地方各级人民政府应当建立协调机制，及时协调、解决特种设备安全监督管理中存在的问题。

第七条 特种设备生产、经营、使用单位应当遵守本法和其他有关法律、法规，建立、健全特种设备安全和节能责任制度，加强特种设备安全和节能管理，确保特种设备生产、经营、使用安全，符合节能要求。

第八条 特种设备生产、经营、使用、检验、检测应当遵守有关特种设备安全技术规范及相关标准。

特种设备安全技术规范由国务院负责特种设备安全监督管理

的部门制定。

第九条 特种设备行业协会应当加强行业自律，推进行业诚信体系建设，提高特种设备安全管理水平。

第十条 国家支持有关特种设备安全的科学技术研究，鼓励先进技术和先进管理方法的推广应用，对做出突出贡献的单位和个人给予奖励。

第十一条 负责特种设备安全监督管理的部门应当加强特种设备安全宣传教育，普及特种设备安全知识，增强社会公众的特种设备安全意识。

第十二条 任何单位和个人有权向负责特种设备安全监督管理的部门和有关部门举报涉及特种设备安全的违法行为，接到举报的部门应当及时处理。

第二章 生产、经营、使用

第一节 一般规定

第十三条 特种设备生产、经营、使用单位及其主要负责人对其生产、经营、使用的特种设备安全负责。

特种设备生产、经营、使用单位应当按照国家有关规定配备特种设备安全管理人员、检测人员和作业人员，并对其进行必要的安全教育和技能培训。

第十四条 特种设备安全管理人员、检测人员和作业人员应当按照国家有关规定取得相应资格，方可从事相关工作。特种设备安全管理人员、检测人员和作业人员应当严格执行安全技术规范和管理制度，保证特种设备安全。

第十五条 特种设备生产、经营、使用单位对其生产、经营、使用的特种设备应当进行自行检测和维护保养，对国家规定实行检验的特种设备应当及时申报并接受检验。

第十六条 特种设备采用新材料、新技术、新工艺，与安全技术规范的要求不一致，或者安全技术规范未作要求、可能对安全性能有重大影响的，应当向国务院负责特种设备安全监督管理的部门申报，由国务院负责特种设备安全监督管理的部门及时委托安全技术咨询机构或者相关专业机构进行技术评审，评审结果经国务院负责特种设备安全监督管理的部门批准，方可投入生产、使用。

国务院负责特种设备安全监督管理的部门应当将允许使用的新材料、新技术、新工艺的有关技术要求，及时纳入安全技术规范。

第十七条 国家鼓励投保特种设备安全责任保险。

第二节 生产

第十八条 国家按照分类监督管理的原则对特种设备生产实行许可制度。特种设备生产单位应当具备下列条件，并经负责特种设备安全监督管理的部门许可，方可从事生产活动：

（一）有与生产相适应的专业技术人员；

（二）有与生产相适应的设备、设施和工作场所；

（三）有健全的质量保证、安全管理和岗位责任等制度。

第十九条 特种设备生产单位应当保证特种设备生产符合安全技术规范及相关标准的要求，对其生产的特种设备的安全性能负责。不得生产不符合安全性能要求和能效指标以及国家明令淘汰的特种设备。

第二十条 锅炉、气瓶、氧舱、客运索道、大型游乐设施的设计文件，应当经负责特种设备安全监督管理的部门核准的检验机构鉴定，方可用于制造。

特种设备产品、部件或者试制的特种设备新产品、新部件以及特种设备采用的新材料，按照安全技术规范的要求需要通过型式试验进行安全性验证的，应当经负责特种设备安全监督管理的部门核准的检验机构进行型式试验。

第二十一条 特种设备出厂时，应当随附安全技术规范要求的设计文件、产品质量合格证明、安装及使用维护保养说明、监督检验证明等相关技术资料和文件，并在特种设备显著位置设置产品铭牌、安全警示标志及其说明。

第二十二条 电梯的安装、改造、修理，必须由电梯制造单位或者其委托的依照本法取得相应许可的单位进行。电梯制造单位委托其他单位进行电梯安装、改造、修理的，应当对其安装、改造、修理进行安全指导和监控，并按照安全技术规范的要求进行校验和调试。电梯制造单位对电梯安全性能负责。

第二十三条 特种设备安装、改造、修理的施工单位应当在施工前将拟进行的特种设备安装、改造、修理情况书面告知直辖市或者设区的市级人民政府负责特种设备安全监督管理的部门。

第二十四条 特种设备安装、改造、修理竣工后，安装、改造、修理的施工单位应当在验收后三十日内将相关技术资料和文件移交特种设备使用单位。特种设备使用单位应当将其存入该特种设备的安全技术档案。

第二十五条 锅炉、压力容器、压力管道元件等特种设备的制造过程和锅炉、压力容器、压力管道、电梯、起重机械、客运索道、大型游乐设施的安装、改造、重大修理过程，应当经特种设备检验机构按照安全技术规范的要求进行监督检验；未经监督检验或者监督检验不合格的，不得出厂或者交付使用。

第二十六条 国家建立缺陷特种设备召回制度。因生产原因造成特种设备存在危及安全的同一性缺陷的，特种设备生产单位应当立即停止生产，主动召回。

国务院负责特种设备安全监督管理的部门发现特种设备存在应当召回而未召回的情形时，应当责令特种设备生产单位召回。

第三节　经营

第二十七条 特种设备销售单位销售的特种设备，应当符合安全技术规范及相关标准的要求，其设计文件、产品质量合格证明、安装及使用维护保养说明、监督检验证明等相关技术资料和文件应当齐全。

特种设备销售单位应当建立特种设备检查验收和销售记录制度。

禁止销售未取得许可生产的特种设备，未经检验和检验不合格的特种设备，或者国家明令淘汰和已经报废的特种设备。

第二十八条 特种设备出租单位不得出租未取得许可生产的特种设备或者国家明令淘汰和已经报废的特种设备，以及未按照安全技术规范的要求进行维护保养和未经检验或者检验不合格的特种设备。

第二十九条 特种设备在出租期间的使用管理和维护保养义务由特种设备出租单位承担，法律另有规定或者当事人另有约定的除外。

第三十条 进口的特种设备应当符合我国安全技术规范的要求，并经检验合格；需要取得我国特种设备生产许可的，应当取得许可。

进口特种设备随附的技术资料和文件应当符合本法第二十一条的规定，其安装及使用维护保养说明、产品铭牌、安全警示标志及其说明应当采用中文。

特种设备的进出口检验，应当遵守有关进出口商品检验的法律、行政法规。

第三十一条 进口特种设备，应当向进口地负责特种设备安全监督管理的部门履行提前告知义务。

第四节 使用

第三十二条 特种设备使用单位应当使用取得许可生产并经检验合格的特种设备。

禁止使用国家明令淘汰和已经报废的特种设备。

第三十三条 特种设备使用单位应当在特种设备投入使用前或者投入使用后三十日内，向负责特种设备安全监督管理的部门办理使用登记，取得使用登记证书。登记标志应当置于该特种设备的显著位置。

第三十四条 特种设备使用单位应当建立岗位责任、隐患治理、应急救援等安全管理制度，制定操作规程，保证特种设备安全运行。

第三十五条 特种设备使用单位应当建立特种设备安全技术档案。安全技术档案应当包括以下内容：

（一）特种设备的设计文件、产品质量合格证明、安装及使用维护保养说明、监督检验证明等相关技术资料和文件；

（二）特种设备的定期检验和定期自行检查记录；

（三）特种设备的日常使用状况记录；

（四）特种设备及其附属仪器仪表的维护保养记录；

（五）特种设备的运行故障和事故记录。

第三十六条 电梯、客运索道、大型游乐设施等为公众提供服务的特种设备的运营使用单位，应当对特种设备的使用安全负责，设置特种设备安全管理机构或者配备专职的特种设备安全管理人员；其他特种设备使用单位，应当根据情况设置特种设备安全管理机构或者配备专职、兼职的特种设备安全管理人员。

第三十七条 特种设备的使用应当具有规定的安全距离、安全防护措施。

与特种设备安全相关的建筑物、附属设施，应当符合有关法律、行政法规的规定。

第三十八条 特种设备属于共有的，共有人可以委托物业服务单位或者其他管理人管理特种设备，受托人履行本法规定的特种设备使用单位的义务，承担相应责任。共有人未委托的，由共有人或者实际管理人履行管理义务，承担相应责任。

第三十九条 特种设备使用单位应当对其使用的特种设备进行经常性维护保养和定期自行检查，并作出记录。

特种设备使用单位应当对其使用的特种设备的安全附件、安全保护装置进行定期校验、检修，并作出记录。

第四十条 特种设备使用单位应当按照安全技术规范的要求，在检验合格有效期届满前一个月向特种设备检验机构提出定期检验要求。

特种设备检验机构接到定期检验要求后，应当按照安全技术规范的要求及时进行安全性能检验。特种设备使用单位应当将定期检验标志置于该特种设备的显著位置。

未经定期检验或者检验不合格的特种设备，不得继续使用。

第四十一条 特种设备安全管理人员应当对特种设备使用状况进行经常性检查，发现问题应当立即处理；情况紧急时，可以决定停止使用特种设备并及时报告本单位有关负责人。

特种设备作业人员在作业过程中发现事故隐患或者其他不安全因素，应当立即向特种设备安全管理人员和单位有关负责人报告；特种设备运行不正常时，特种设备作业人员应当按照操作规程采取有效措施保证安全。

第四十二条 特种设备出现故障或者发生异常情况，特种设备使用单位应当对其进行全面检查，消除事故隐患，方可继续使用。

第四十三条 客运索道、大型游乐设施在每日投入使用前，其运营使用单位应当进行试运行和例行安全检查，并对安全附件和安全保护装置进行检查确认。

电梯、客运索道、大型游乐设施的运营使用单位应当将电梯、客运索道、大型游乐设施的安全使用说明、安全注意事项和警示标志置于易于为乘客注意的显著位置。

公众乘坐或者操作电梯、客运索道、大型游乐设施，应当遵守安全使用说明和安全注意事项的要求，服从有关工作人员的管理和指挥；遇有运行不正常时，应当按照安全指引，有序撤离。

第四十四条 锅炉使用单位应当按照安全技术规范的要求进行锅炉水（介）质处理，并接受特种设备检验机构的定期检验。

从事锅炉清洗，应当按照安全技术规范的要求进行，并接受特种设备检验机构的监督检验。

第四十五条 电梯的维护保养应当由电梯制造单位或者依照本法取得许可的安装、改造、修理单位进行。

电梯的维护保养单位应当在维护保养中严格执行安全技术规范的要求，保证其维护保养的电梯的安全性能，并负责落实现场安全防护措施，保证施工安全。

电梯的维护保养单位应当对其维护保养的电梯的安全性能负责；接到故障通知后，应当立即赶赴现场，并采取必要的应急救援措施。

第四十六条 电梯投入使用后，电梯制造单位应当对其制造的电梯的安全运行情况进行跟踪调查和了解，对电梯的维护保养单位或者使用单位在维护保养和安全运行方面存在的问题，提出改进建议，并提供必要的技术帮助；发现电梯存在严重事故隐患时，应当及时告知电梯使用单位，并向负责特种设备安全监督管理的部门报告。电梯制造单位对调查和了解的情况，应当作出记录。

第四十七条 特种设备进行改造、修理，按照规定需要变更使用登记的，应当办理变更登记，方可继续使用。

第四十八条 特种设备存在严重事故隐患，无改造、修理价值，或者达到安全技术规范规定的其他报废条件的，特种设备使用单位应当依法履行报废义务，采取必要措施消除该特种设备的使用功能，并向原登记的负责特种设备安全监督管理的部门办理使用登记证书注销手续。

前款规定报废条件以外的特种设备，达到设计使用年限可以继续使用的，应当按照安全技术规范的要求通过检验或者安全评估，并办理使用登记证书变更，方可继续使用。允许继续使用的，应当采取加强检验、检测和维护保养等措施，确保使用安全。

第四十九条 移动式压力容器、气瓶充装单位，应当具备下列条件，并经负责特种设备安全监督管理的部门许可，方可从事充装活动：

（一）有与充装和管理相适应的管理人员和技术人员；

（二）有与充装和管理相适应的充装设备、检测手段、场地厂房、器具、安全设施；

（三）有健全的充装管理制度、责任制度、处理措施。

充装单位应当建立充装前后的检查、记录制度，禁止对不符合安全技术规范要求的移动式压力容器和气瓶进行充装。

气瓶充装单位应当向气体使用者提供符合安全技术规范要求的气瓶，对气体使用者进行气瓶安全使用指导，并按照安全技术规范的要求办理气瓶使用登记，及时申报定期检验。

第三章　检验、检测

第五十条　从事本法规定的监督检验、定期检验的特种设备检验机构，以及为特种设备生产、经营、使用提供检测服务的特种设备检测机构，应当具备下列条件，并经负责特种设备安全监督管理的部门核准，方可从事检验、检测工作：

（一）有与检验、检测工作相适应的检验、检测人员；

（二）有与检验、检测工作相适应的检验、检测仪器和设备；

（三）有健全的检验、检测管理制度和责任制度。

第五十一条　特种设备检验、检测机构的检验、检测人员应当经考核，取得检验、检测人员资格，方可从事检验、检测工作。

特种设备检验、检测机构的检验、检测人员不得同时在两个以上检验、检测机构中执业；变更执业机构的，应当依法办理变更手续。

第五十二条　特种设备检验、检测工作应当遵守法律、行政法规的规定，并按照安全技术规范的要求进行。

特种设备检验、检测机构及其检验、检测人员应当依法为特种设备生产、经营、使用单位提供安全、可靠、便捷、诚信的检验、检测服务。

第五十三条 特种设备检验、检测机构及其检验、检测人员应当客观、公正、及时地出具检验、检测报告，并对检验、检测结果和鉴定结论负责。

特种设备检验、检测机构及其检验、检测人员在检验、检测中发现特种设备存在严重事故隐患时，应当及时告知相关单位，并立即向负责特种设备安全监督管理的部门报告。

负责特种设备安全监督管理的部门应当组织对特种设备检验、检测机构的检验、检测结果和鉴定结论进行监督抽查，但应当防止重复抽查。监督抽查结果应当向社会公布。

第五十四条 特种设备生产、经营、使用单位应当按照安全技术规范的要求向特种设备检验、检测机构及其检验、检测人员提供特种设备相关资料和必要的检验、检测条件，并对资料的真实性负责。

第五十五条 特种设备检验、检测机构及其检验、检测人员对检验、检测过程中知悉的商业秘密，负有保密义务。

特种设备检验、检测机构及其检验、检测人员不得从事有关特种设备的生产、经营活动，不得推荐或者监制、监销特种设备。

第五十六条 特种设备检验机构及其检验人员利用检验工作

故意刁难特种设备生产、经营、使用单位的，特种设备生产、经营、使用单位有权向负责特种设备安全监督管理的部门投诉，接到投诉的部门应当及时进行调查处理。

第四章　监督管理

第五十七条　负责特种设备安全监督管理的部门依照本法规定，对特种设备生产、经营、使用单位和检验、检测机构实施监督检查。

负责特种设备安全监督管理的部门应当对学校、幼儿园以及医院、车站、客运码头、商场、体育场馆、展览馆、公园等公众聚集场所的特种设备，实施重点安全监督检查。

第五十八条　负责特种设备安全监督管理的部门实施本法规定的许可工作，应当依照本法和其他有关法律、行政法规规定的条件和程序以及安全技术规范的要求进行审查；不符合规定的，不得许可。

第五十九条　负责特种设备安全监督管理的部门在办理本法规定的许可时，其受理、审查、许可的程序必须公开，并应当自受理申请之日起三十日内，作出许可或者不予许可的决定；不予许可的，应当书面向申请人说明理由。

第六十条　负责特种设备安全监督管理的部门对依法办理使用登记的特种设备应当建立完整的监督管理档案和信息查询系

统；对达到报废条件的特种设备，应当及时督促特种设备使用单位依法履行报废义务。

第六十一条 负责特种设备安全监督管理的部门在依法履行监督检查职责时，可以行使下列职权：

（一）进入现场进行检查，向特种设备生产、经营、使用单位和检验、检测机构的主要负责人和其他有关人员调查、了解有关情况；

（二）根据举报或者取得的涉嫌违法证据，查阅、复制特种设备生产、经营、使用单位和检验、检测机构的有关合同、发票、账簿以及其他有关资料；

（三）对有证据表明不符合安全技术规范要求或者存在严重事故隐患的特种设备实施查封、扣押；

（四）对流入市场的达到报废条件或者已经报废的特种设备实施查封、扣押；

（五）对违反本法规定的行为作出行政处罚决定。

第六十二条 负责特种设备安全监督管理的部门在依法履行职责过程中，发现违反本法规定和安全技术规范要求的行为或者特种设备存在事故隐患时，应当以书面形式发出特种设备安全监察指令，责令有关单位及时采取措施予以改正或者消除事故隐患。紧急情况下要求有关单位采取紧急处置措施的，应当随后补发特种设备安全监察指令。

第六十三条 负责特种设备安全监督管理的部门在依法履行职责过程中，发现重大违法行为或者特种设备存在严重事故隐患时，应当责令有关单位立即停止违法行为、采取措施消除事故隐患，并及时向上级负责特种设备安全监督管理的部门报告。接到报告的负责特种设备安全监督管理的部门应当采取必要措施，及时予以处理。

对违法行为、严重事故隐患的处理需要当地人民政府和有关部门的支持、配合时，负责特种设备安全监督管理的部门应当报告当地人民政府，并通知其他有关部门。当地人民政府和其他有关部门应当采取必要措施，及时予以处理。

第六十四条 地方各级人民政府负责特种设备安全监督管理的部门不得要求已经依照本法规定在其他地方取得许可的特种设备生产单位重复取得许可，不得要求对已经依照本法规定在其他地方检验合格的特种设备重复进行检验。

第六十五条 负责特种设备安全监督管理的部门的安全监察人员应当熟悉相关法律、法规，具有相应的专业知识和工作经验，取得特种设备安全行政执法证件。

特种设备安全监察人员应当忠于职守、坚持原则、秉公执法。

负责特种设备安全监督管理的部门实施安全监督检查时，应当有二名以上特种设备安全监察人员参加，并出示有效的特种设备安全行政执法证件。

第六十六条 负责特种设备安全监督管理的部门对特种设备生产、经营、使用单位和检验、检测机构实施监督检查，应当对每次监督检查的内容、发现的问题及处理情况作出记录，并由参加监督检查的特种设备安全监察人员和被检查单位的有关负责人签字后归档。被检查单位的有关负责人拒绝签字的，特种设备安全监察人员应当将情况记录在案。

第六十七条 负责特种设备安全监督管理的部门及其工作人员不得推荐或者监制、监销特种设备；对履行职责过程中知悉的商业秘密负有保密义务。

第六十八条 国务院负责特种设备安全监督管理的部门和省、自治区、直辖市人民政府负责特种设备安全监督管理的部门应当定期向社会公布特种设备安全总体状况。

第五章 事故应急救援与调查处理

第六十九条 国务院负责特种设备安全监督管理的部门应当依法组织制定特种设备重特大事故应急预案，报国务院批准后纳入国家突发事件应急预案体系。

县级以上地方各级人民政府及其负责特种设备安全监督管理的部门应当依法组织制定本行政区域内特种设备事故应急预案，建立或者纳入相应的应急处置与救援体系。

特种设备使用单位应当制定特种设备事故应急专项预案，并定期进行应急演练。

第七十条 特种设备发生事故后，事故发生单位应当按照应急预案采取措施，组织抢救，防止事故扩大，减少人员伤亡和财产损失，保护事故现场和有关证据，并及时向事故发生地县级以上人民政府负责特种设备安全监督管理的部门和有关部门报告。

县级以上人民政府负责特种设备安全监督管理的部门接到事故报告，应当尽快核实情况，立即向本级人民政府报告，并按照规定逐级上报。必要时，负责特种设备安全监督管理的部门可以越级上报事故情况。对特别重大事故、重大事故，国务院负责特种设备安全监督管理的部门应当立即报告国务院并通报国务院安全生产监督管理部门等有关部门。

与事故相关的单位和人员不得迟报、谎报或者瞒报事故情况，不得隐匿、毁灭有关证据或者故意破坏事故现场。

第七十一条 事故发生地人民政府接到事故报告，应当依法启动应急预案，采取应急处置措施，组织应急救援。

第七十二条 特种设备发生特别重大事故，由国务院或者国务院授权有关部门组织事故调查组进行调查。

发生重大事故，由国务院负责特种设备安全监督管理的部门会同有关部门组织事故调查组进行调查。

发生较大事故，由省、自治区、直辖市人民政府负责特种设备安全监督管理的部门会同有关部门组织事故调查组进行调查。

发生一般事故，由设区的市级人民政府负责特种设备安全监督管理的部门会同有关部门组织事故调查组进行调查。

事故调查组应当依法、独立、公正开展调查，提出事故调查报告。

第七十三条 组织事故调查的部门应当将事故调查报告报本级人民政府，并报上一级人民政府负责特种设备安全监督管理的部门备案。有关部门和单位应当依照法律、行政法规的规定，追究事故责任单位和人员的责任。

事故责任单位应当依法落实整改措施，预防同类事故发生。事故造成损害的，事故责任单位应当依法承担赔偿责任。

第六章 法律责任

第七十四条 违反本法规定，未经许可从事特种设备生产活动的，责令停止生产，没收违法制造的特种设备，处十万元以上五十万元以下罚款；有违法所得的，没收违法所得；已经实施安装、改造、修理的，责令恢复原状或者责令限期由取得许可的单位重新安装、改造、修理。

第七十五条 违反本法规定，特种设备的设计文件未经鉴定，擅自用于制造的，责令改正，没收违法制造的特种设备，处五万元以上五十万元以下罚款。

第七十六条 违反本法规定，未进行型式试验的，责令限期改正；逾期未改正的，处三万元以上三十万元以下罚款。

第七十七条 违反本法规定，特种设备出厂时，未按照安全技术规范的要求随附相关技术资料和文件的，责令限期改正；逾期未改正的，责令停止制造、销售，处二万元以上二十万元以下罚款；有违法所得的，没收违法所得。

第七十八条 违反本法规定，特种设备安装、改造、修理的施工单位在施工前未书面告知负责特种设备安全监督管理的部门即行施工的，或者在验收后三十日内未将相关技术资料和文件移交特种设备使用单位的，责令限期改正；逾期未改正的，处一万元以上十万元以下罚款。

第七十九条 违反本法规定，特种设备的制造、安装、改造、重大修理以及锅炉清洗过程，未经监督检验的，责令限期改正；逾期未改正的，处五万元以上二十万元以下罚款；有违法所得的，没收违法所得；情节严重的，吊销生产许可证。

第八十条 违反本法规定，电梯制造单位有下列情形之一的，责令限期改正；逾期未改正的，处一万元以上十万元以下罚款：

（一）未按照安全技术规范的要求对电梯进行校验、调试的；

（二）对电梯的安全运行情况进行跟踪调查和了解时，发现存在严重事故隐患，未及时告知电梯使用单位并向负责特种设备安全监督管理的部门报告的。

第八十一条 违反本法规定，特种设备生产单位有下列行为之一的，责令限期改正；逾期未改正的，责令停止生产，处五万元以上五十万元以下罚款；情节严重的，吊销生产许可证：

（一）不再具备生产条件、生产许可证已经过期或者超出许可范围生产的；

（二）明知特种设备存在同一性缺陷，未立即停止生产并召回的。

违反本法规定，特种设备生产单位生产、销售、交付国家明令淘汰的特种设备的，责令停止生产、销售，没收违法生产、销售、交付的特种设备，处三万元以上三十万元以下罚款；有违法所得的，没收违法所得。

特种设备生产单位涂改、倒卖、出租、出借生产许可证的，责令停止生产，处五万元以上五十万元以下罚款；情节严重的，吊销生产许可证。

第八十二条 违反本法规定，特种设备经营单位有下列行为之一的，责令停止经营，没收违法经营的特种设备，处三万元以上三十万元以下罚款；有违法所得的，没收违法所得：

（一）销售、出租未取得许可生产，未经检验或者检验不合格的特种设备的；

（二）销售、出租国家明令淘汰、已经报废的特种设备，或者未按照安全技术规范的要求进行维护保养的特种设备的。

违反本法规定，特种设备销售单位未建立检查验收和销售记录制度，或者进口特种设备未履行提前告知义务的，责令改正，处一万元以上十万元以下罚款。

特种设备生产单位销售、交付未经检验或者检验不合格的特种设备的，依照本条第一款规定处罚；情节严重的，吊销生产许可证。

第八十三条 违反本法规定，特种设备使用单位有下列行为之一的，责令限期改正；逾期未改正的，责令停止使用有关特种设备，处一万元以上十万元以下罚款：

（一）使用特种设备未按照规定办理使用登记的；

（二）未建立特种设备安全技术档案或者安全技术档案不符合规定要求，或者未依法设置使用登记标志、定期检验标志的；

（三）未对其使用的特种设备进行经常性维护保养和定期自行检查，或者未对其使用的特种设备的安全附件、安全保护装置进行定期校验、检修，并作出记录的；

（四）未按照安全技术规范的要求及时申报并接受检验的；

（五）未按照安全技术规范的要求进行锅炉水（介）质处理的；

（六）未制定特种设备事故应急专项预案的。

第八十四条 违反本法规定，特种设备使用单位有下列行为之一的，责令停止使用有关特种设备，处三万元以上三十万元以下罚款：

（一）使用未取得许可生产，未经检验或者检验不合格的特种设备，或者国家明令淘汰、已经报废的特种设备的；

（二）特种设备出现故障或者发生异常情况，未对其进行全面检查、消除事故隐患，继续使用的；

（三）特种设备存在严重事故隐患，无改造、修理价值，或者达到安全技术规范规定的其他报废条件，未依法履行报废义务，并办理使用登记证书注销手续的。

第八十五条 违反本法规定，移动式压力容器、气瓶充装单位有下列行为之一的，责令改正，处二万元以上二十万元以下罚款；情节严重的，吊销充装许可证：

（一）未按照规定实施充装前后的检查、记录制度的；

（二）对不符合安全技术规范要求的移动式压力容器和气瓶进行充装的。

违反本法规定，未经许可，擅自从事移动式压力容器或者气瓶充装活动的，予以取缔，没收违法充装的气瓶，处十万元以上五十万元以下罚款；有违法所得的，没收违法所得。

第八十六条 违反本法规定，特种设备生产、经营、使用单位有下列情形之一的，责令限期改正；逾期未改正的，责令停止使用有关特种设备或者停产停业整顿，处一万元以上五万元以下罚款：

（一）未配备具有相应资格的特种设备安全管理人员、检测人员和作业人员的；

（二）使用未取得相应资格的人员从事特种设备安全管理、检测和作业的；

（三）未对特种设备安全管理人员、检测人员和作业人员进行安全教育和技能培训的。

第八十七条 违反本法规定，电梯、客运索道、大型游乐设施的运营使用单位有下列情形之一的，责令限期改正；逾期未改正的，责令停止使用有关特种设备或者停产停业整顿，处二万元以上十万元以下罚款：

（一）未设置特种设备安全管理机构或者配备专职的特种设备安全管理人员的；

（二）客运索道、大型游乐设施每日投入使用前，未进行试运行和例行安全检查，未对安全附件和安全保护装置进行检查确认的；

（三）未将电梯、客运索道、大型游乐设施的安全使用说明、安全注意事项和警示标志置于易于为乘客注意的显著位置的。

第八十八条 违反本法规定，未经许可，擅自从事电梯维护保养的，责令停止违法行为，处一万元以上十万元以下罚款；有违法所得的，没收违法所得。

电梯的维护保养单位未按照本法规定以及安全技术规范的要求，进行电梯维护保养的，依照前款规定处罚。

第八十九条 发生特种设备事故，有下列情形之一的，对单位处五万元以上二十万元以下罚款；对主要负责人处一万元以上五万元以下罚款；主要负责人属于国家工作人员的，并依法给予处分：

（一）发生特种设备事故时，不立即组织抢救或者在事故调查处理期间擅离职守或者逃匿的；

（二）对特种设备事故迟报、谎报或者瞒报的。

第九十条 发生事故，对负有责任的单位除要求其依法承担相应的赔偿等责任外，依照下列规定处以罚款：

（一）发生一般事故，处十万元以上二十万元以下罚款；

（二）发生较大事故，处二十万元以上五十万元以下罚款；

（三）发生重大事故，处五十万元以上二百万元以下罚款。

第九十一条 对事故发生负有责任的单位的主要负责人未依法履行职责或者负有领导责任的，依照下列规定处以罚款；属于国家工作人员的，并依法给予处分：

（一）发生一般事故，处上一年年收入百分之三十的罚款；

（二）发生较大事故，处上一年年收入百分之四十的罚款；

（三）发生重大事故，处上一年年收入百分之六十的罚款。

第九十二条 违反本法规定，特种设备安全管理人员、检测人员和作业人员不履行岗位职责，违反操作规程和有关安全规章制度，造成事故的，吊销相关人员的资格。

第九十三条 违反本法规定，特种设备检验、检测机构及其检验、检测人员有下列行为之一的，责令改正，对机构处五万元以上二十万元以下罚款，对直接负责的主管人员和其他直接责任人员处五千元以上五万元以下罚款；情节严重的，吊销机构资质和有关人员的资格：

（一）未经核准或者超出核准范围、使用未取得相应资格的人员从事检验、检测的；

（二）未按照安全技术规范的要求进行检验、检测的；

（三）出具虚假的检验、检测结果和鉴定结论或者检验、检测结果和鉴定结论严重失实的；

（四）发现特种设备存在严重事故隐患，未及时告知相关单位，并立即向负责特种设备安全监督管理的部门报告的；

（五）泄露检验、检测过程中知悉的商业秘密的；

（六）从事有关特种设备的生产、经营活动的；

（七）推荐或者监制、监销特种设备的；

（八）利用检验工作故意刁难相关单位的。

违反本法规定，特种设备检验、检测机构的检验、检测人员同时在两个以上检验、检测机构中执业的，处五千元以上五万元以下罚款；情节严重的，吊销其资格。

第九十四条 违反本法规定，负责特种设备安全监督管理的部门及其工作人员有下列行为之一的，由上级机关责令改正；对直接负责的主管人员和其他直接责任人员，依法给予处分：

（一）未依照法律、行政法规规定的条件、程序实施许可的；

（二）发现未经许可擅自从事特种设备的生产、使用或者检验、检测活动不予取缔或者不依法予以处理的；

（三）发现特种设备生产单位不再具备本法规定的条件而不吊销其许可证，或者发现特种设备生产、经营、使用违法行为不予查处的；

（四）发现特种设备检验、检测机构不再具备本法规定的条件而不撤销其核准，或者对其出具虚假的检验、检测结果和鉴定结论或者检验、检测结果和鉴定结论严重失实的行为不予查处的；

（五）发现违反本法规定和安全技术规范要求的行为或者特种设备存在事故隐患，不立即处理的；

（六）发现重大违法行为或者特种设备存在严重事故隐患，未及时向上级负责特种设备安全监督管理的部门报告，或者接到报告的负责特种设备安全监督管理的部门不立即处理的；

（七）要求已经依照本法规定在其他地方取得许可的特种设备生产单位重复取得许可，或者要求对已经依照本法规定在其他地方检验合格的特种设备重复进行检验的；

（八）推荐或者监制、监销特种设备的；

（九）泄露履行职责过程中知悉的商业秘密的；

（十）接到特种设备事故报告未立即向本级人民政府报告，并按照规定上报的；

（十一）迟报、漏报、谎报或者瞒报事故的；

（十二）妨碍事故救援或者事故调查处理的；

（十三）其他滥用职权、玩忽职守、徇私舞弊的行为。

第九十五条　违反本法规定，特种设备生产、经营、使用单位或者检验、检测机构拒不接受负责特种设备安全监督管理的部门依法实施的监督检查的，责令限期改正；逾期未改正的，责令停产停业整顿，处二万元以上二十万元以下罚款。

特种设备生产、经营、使用单位擅自动用、调换、转移、损毁被查封、扣押的特种设备或者其主要部件的，责令改正，处五万元以上二十万元以下罚款；情节严重的，吊销生产许可证，注销特种设备使用登记证书。

第九十六条　违反本法规定，被依法吊销许可证的，自吊销许可证之日起三年内，负责特种设备安全监督管理的部门不予受理其新的许可申请。

第九十七条　违反本法规定，造成人身、财产损害的，依法承担民事责任。

违反本法规定，应当承担民事赔偿责任和缴纳罚款、罚金，其财产不足以同时支付时，先承担民事赔偿责任。

第九十八条 违反本法规定，构成违反治安管理行为的，依法给予治安管理处罚；构成犯罪的，依法追究刑事责任。

第七章 附 则

第九十九条 特种设备行政许可、检验的收费，依照法律、行政法规的规定执行。

第一百条 军事装备、核设施、航空航天器使用的特种设备安全的监督管理不适用本法。

铁路机车、海上设施和船舶、矿山井下使用的特种设备以及民用机场专用设备安全的监督管理，房屋建筑工地、市政工程工地用起重机械和场（厂）内专用机动车辆的安装、使用的监督管理，由有关部门依照本法和其他有关法律的规定实施。

第一百零一条 本法自 2014 年 1 月 1 日起施行。

参考文献

［1］特种设备安全法（第 4 号主席令）［S］.

［2］特种设备安全监察条例（国务院第 549 号令）［S］.

［3］特种设备目录（质检总局 2014 第 114 号公告）［S］.

［4］特种设备使用管理规则（TSG 08—2017）［S］.

［5］特种设备作业人员监督管理办法（质检总局第 140 号令）［S］.

［6］特种设备事故报告和调查处理规定（市场监管总局第 50 号令）［S］.

［7］特种设备使用单位落实使用安全主体责任监督管理规定（市场监管总局第 74 号令）［S］.

［8］喻颖. 场（厂）内专用机动车辆安全管理人员和作业人员培训教材［M］. 湘潭：湘潭大学出版社，2020.

［9］贺能. 起重机械安全管理人员和作业人员培训教材［M］. 湘潭：湘潭大学出版社，2018.